Welpen-Erziehung

如何训练小狗

[德] 卡塔琳娜·施莱格尔-科夫勒 · 编 邵帅 · 译

天津出版传媒集团

天津人民出版社

目 录

第一部分 因材施教的成功教养方法 / 4

第一章 好狗狗是培养出来的 / 5
狗宝宝是怎样进行学习的 / 5
"人与狗"的群居生活 / 6
交　流 / 7

第二章 让训练易如反掌 / 9
给狗狗正面的鼓励 / 9
信号的使用 / 9
关于奖励 / 10
如果狗狗做错了事 / 10
训练标准要统一 / 11

第二部分 婴幼期狗宝贝的8周培养计划 / 12

第三章 接狗狗回家前的准备工作 / 13
如何使用训练计划 / 13
一只"货真价实"的狗狗 / 13
目　的 / 13
保证狗狗在住宅中的安全 / 14
狗狗需要哪些东西 / 15
保证狗狗在花园中的安全 / 16
小狗团体活动"协会" / 17
狗狗的婴幼期会发生哪些事 / 18

第四章 第1周训练计划 / 22
迁入之初 / 22
让狗狗习惯自己的名字 / 22
训练狗狗定点大小便 / 22

狗　笼 / 23
建立亲密的人狗关系 / 25
一喊即到 / 26
训练"坐下" / 28
训练"看这儿" / 29

第五章 第2周训练计划 / 30
大小便的声音信号 / 30
狗宝贝和孩子们 / 30
举办亲友聚会 / 30
第一次去看兽医 / 31
第一次出门 / 31
听口令结束训练 / 32
听口令坐下 / 32
延长"看这儿"的时间：保持目光接触 / 33
身体检查训练 / 33
套上和拿下绳子 / 34
给它动力，而不是压力 / 35
教导狗狗不要拉拽绳子 / 36
通过散步促进感情联系 / 38
一喊即到的强化训练 / 40
"趴下"训练 / 42

第六章 第3周训练计划 / 44
愉快地玩耍 / 44
出门去咖啡馆 / 45
日常生活中的人造材料 / 46
训练狗狗单独活动 / 46
变换"坐下"的奖励方式 / 47
训练狗狗不乱扑人 / 48

1

训练松口 / 49
训练步行跟随 / 50
教导狗狗不要拉拽 / 51

第七章　第4周训练计划 / 52

中期总结 / 52
批评狗狗 / 52
训练狗狗不能"护食" / 53
"进城"旅行 / 54
在有干扰时训练"看这儿" / 55
强化"这边走"训练 / 56
"趴下"的强化训练 / 56
认识大自然的旅行 / 57
在室外练习"这里" / 58
基本站位练习 / 60
训练"别动" / 61
出现问题时要如何解决 / 62
狗狗总是只在房间里大小便 / 62
狗狗不愿意出门 / 62
狗狗不吃饭 / 62
狗狗有护食的毛病 / 63
狗狗听到喊声或哨声过来以后就跑掉 / 63

第八章　第5周训练计划 / 64

控制好分寸，保持适度亲密 / 64
狗狗和家中其他动物成员的相处 / 64
有目的性的玩耍训练 / 64
出门散步，遇到其他小狗 / 65
松口的拓展训练 / 65
有干扰时练习"趴下" / 67
训练"别动"，增加距离 / 67
"这里"与"坐下"串联 / 68
训练"终止"的信号 / 70

第九章　第6周训练计划 / 72

狗狗和同类的相处 / 72
如果狗狗感到恐惧 / 73
狗狗需要多少休息时间 / 73
带狗狗去人多的地方 / 76
在干扰环境中练习散步 / 76
通过身体检查训练进行交流 / 77
有强干扰时训练"看这儿" / 77
套上绳子时和同类相遇 / 78
对奖励进行调整 / 79
变换奖励方式 / 80
"趴下，别动"组合训练 / 81

第十章　第7周训练计划 / 84

和陌生人适度接触 / 84
如果狗狗过于任性自主 / 84
带狗狗去火车站 / 85
不让狗狗乱吃东西 / 85
纠正狗狗索要食物的行为 / 88
根据日常生活设定训练活动 / 90
没有饼干奖励时训练步行跟随 / 91

第十一章　第8周训练计划 / 92

回顾之前的成长 / 92
请您认识到训练中的薄弱之处 / 92
训练的持续性 / 93
狗狗的啃咬习惯 / 94
追逐其他动物 / 95
单独活动的拓展训练 / 96
夸赞的表达 / 97
在狗狗做游戏时喊它过来 / 98
下车时训练狗狗学会等待 / 100
出现问题要如何解决 / 102
狗狗和孩子们的相处 / 102

对同类感到害怕 / 102
狗狗发出"抗议" / 103

第三部分　直至狗狗1岁：对青春期狗狗的后续训练 / 104

第十二章　新的成长阶段 / 105
训练是一个循序渐进的过程　105
以之前的训练成果为基础　105
巩固感情联系 / 105
对待狗狗的态度 / 105
狗狗的健康情况调查表 / 107
狗狗在青春期会有哪些变化 / 108

第十三章　第5、6月训练计划 / 112
可以允许狗狗坐在沙发上吗　112
不带美食奖励，训练步行跟随　113
找助手帮助训练 / 114
训练狗狗在主人来回移动时保持不动 / 117
手势信号 / 117
游戏中的服从性 / 118
喊狗狗过来坐下 / 120
严格要求，不能让步 / 121
如果狗狗感到压力 / 122

第十四章　第7、8月训练计划 / 124
带狗狗去公共场所 / 124
让狗狗充分活动，消耗多余精力 / 125
关于培训学校 / 125
牵着狗狗步行跟随 / 126
出门办事，利用机会做些练习 / 127
正确解决狗狗缺乏安全感的问题 / 128
提前辨识，避免狗狗出现追捕行为 / 130
狗粮袋 / 132
如果狗狗做出某些粗鲁行为 / 134

远距离条件下要求狗狗"坐下" / 136
出现问题要如何解决 / 138
问候过于热情狂野 / 138
狗狗不听指令 / 138
无法抑制的追捕本能 / 139

第十五章　第9、10月训练计划 / 140
巩固训练：服从是狗狗的天职 / 140
同类相处行为守则 / 141
主人绕圈行走时保持不动 / 144
干扰环境下训练狗狗远距离坐下 / 145
通过肢体语言强化权威性 / 146
主人离开，训练狗狗"别动" / 148
基本站位的升级训练 / 149

第十六章　第11、12月训练计划 / 150
充分的体力和脑力活动 / 150
体能、健康状况与训练强度 / 150
抛开绳子，自由训练 / 150
延长狗狗自己独处的时间 / 151
平凡路途中的惊喜 / 152
把"别动"从训练变为"实战" / 153
出门散步，安排训练计划 / 154
"这边走"的其他训练方案 / 156
巩固绳子的约束功能 / 158
出现问题要如何解决 / 160
偶遇同类，分外眼红 / 160
对"看家守卫"的角色入戏太深 / 160
过于自主，我行我素 / 161

学会理解狗狗的"语言"表达 / 162
出版后记 / 165

第一部分
因材施教的成功教养方法

　　当您决定选择这本培训手册的时候,应该很快就有一个可爱的短腿小毛团要进家门了,还是您现在已经把小家伙领回家,开始精彩的新生活了呢?这个空降入驻的家庭新成员在刚开始的一段时间应该会使您的生活空前的"异彩纷呈",所有的一切都在您的预料和掌控之中吗?可爱的狗宝贝会把您的生活搅个天翻地覆,还是从刚开始就能顺利地融入您的家庭呢?要培养狗狗学会哪些东西,才能使它与主人保持良好的沟通和互动?这其中有很多学问。这本培训手册将会陪伴您和狗狗度过第一年的时光,帮助您更好地和狗狗进行融洽有爱的相处。

第一章　好狗狗是培养出来的

狗宝宝在随主人进家门之前有8~10周的"童年时光"是与妈妈和兄弟姐妹一起度过的。它在自己的家——养殖者的小狗培育场中出生长大，培育场最好能够有通到人住宅的路，这样它就会获得一些关于生活的初级印象：它会认识不同的人，听到各种声音，还可以在自己的场地里进行几次小小的探索之旅。在与兄弟姐妹们分食的过程中它也会从狗妈妈那里得到一点教育：如果狗妈妈不愿哺育它，那么无论是撒娇示弱还是打滚撒泼都不会有效果，就算是突袭式的偷偷吮吸一口也不会喝到任何东西，因为一旦狗妈妈决定不再喂奶，那么怎么吸都是没有用的。这个信号传递给狗宝宝的就是一种明显的责备。而另一方面，狗妈妈和兄弟姐妹可以给它信任感和安全感，这些它也可以在养殖者对自己的照料中感受到，在这个过程中它会慢慢形成和发展出对人类的基本信任，这个信任感是非常重要的。在和您一起生活的时间里，狗狗的培育过程也一直在持续，它会陪伴您度过日常生活中形形色色的事件，比如您和朋友的会面、碰到其他陌生的狗狗、您带狗狗一起去饭店用餐等，在这些场合中，狗狗需要礼貌驯服，表现出良好的教养。

狗宝宝是怎样进行学习的

对幼小的狗宝宝来说新环境是完全陌生的，但是无疑这个环境也是分外丰富和精彩的。这里有各种电线、鞋子，还有壁毯和窗帘上缀着的穗子，可以趴在上面尽情地啃咬。花盆是挖土的绝佳场所，而柔软舒服的地毯简直是嘘嘘的最好去处，当然也可以干很多别的事情。总之，有一件事十分确定：狗宝贝面前是一条漫长的学习之路。

请您放心，狗狗是一种学习能力和适应能力都很强的生物。只是怎样才能让狗狗明白主人对它的要求和规范呢？怎样让它懂得哪些事是该做的，哪些是不被允许的？什么时机开始采取教养措施比较合适？答案是最好马上就做，因为您的狗宝贝正处在一个非常重要的成长时期（参见第18、19页）。

从成功和失败中学习

狗狗会通过事物之间的特定联系形成自己的认知，因此如果某种行为能够给它带来好处，它就会一再重复这种行为方式。比如当它做出"蹲坐"动作时会得到一块点心作为奖励，那么它会非常愿意再次重复这个动作；如果它牵扯绳子时您跟着它一起走，那么它就学会了用这种方法去自己想去的地方。另一方面，如果它的某种行为没有收到成功的反馈或是恰恰适得其反，那么它自然也就知道了以后不要这么做。比如它曾经守在饭桌边希望得到一点甜头，却没有被您注意到，那么它就不会再这么等了；如果它有过试图从桌上的锅里偷取食物却被掉落的锅盖和汤水迎头扣上的经历，那它以后肯定再也不会这么干了。

从观察中学习

狗宝宝并不是只在您有目的地训练它时才会学东西，而是随时随地都在观察和学习，狗狗的观察能力可是强大而敏锐的。举个例子，如果您在带它出门时总会穿同

信息板

建立和谐生活的基础

您和狗宝贝共同生活的良好基础是在它的婴幼期奠定的,而培养狗狗适应新的生活环境,遵守主人及所有家庭成员制定的"规章制度",是其中非常重要的一环。

一件夹克,那么它会在您抓起夹克之后迅速跑过来准备好,摇着尾巴等候出门;它还能在开门之前通过脚步声辨认出即将到来的是哪一位家庭成员,或者在听到电脑关机音乐响起时就知道您又有时间陪它一起玩了。

"人与狗"的群居生活

从狗宝贝搬进您家里的那一刻起,您便自动接过了继续培养它的责任。对小家伙而言肯定需要经过很多学习和训练,才能成为您所期望的那样:一条教养良好的优雅爱犬,一个随时陪伴身旁的忠实伙伴,因为无论是您在跑步、孩子踢足球,还是星期天出去郊游或走亲访友,它都会寸步不离地陪在您身边。

狗狗是一种群居动物

狗和它的祖先狼一样都是群居动物,也就是说,它生活在自己的社会群体之中。但和狼不同的是,经过数千年的变迁,狗和人类之间发展出了一种特殊的友好关系,人类也成为了它的社交伙伴。它们愿意和人类接触,良好的适应能力和学习能力使它们陪伴人们度过日常生活成为可能,但这也需要一个前提:它必须能够融入您的家庭"群体"。

家庭会议

在学习过程中狗狗每一次小小的成功都来源于无数次的重复练习,而制定一套科学系统的训练方案是至关重要的,只有这样才能真正让狗狗领会主人的意图。在这个等待它融入的新"社会群体"中有多位家庭成员吗?那么大家就需要坐在一起仔细考虑,共同商讨,然后统一意见,制定出一整套"规章制度":狗狗必须遵守哪些条款,应该学会哪些东西。比如是否应该规定不许它进入某个房间?它能不能爬到沙发上?可不可以在饭桌边喂它?它应该做哪些训练,过程中使用哪些词语或信号?诸如此类。关于这些问题需要所有家庭成员都达成一致,才能让狗狗清楚明白地了解它的行动范围和行为准则。

训练者保持固定

共同生活伊始,每一位家庭成员都要教导狗宝贝必须遵守规范,但是小孩子是不能教导狗狗的,他们的能力还达不到这个层面。

而训练狗狗的任务只能由一个成年人或年纪稍长的青年人完成。因为每个人的声音、语调、说话重点和肢体语言都不尽相同,如果开始就有很多人参与训练的话,会让狗狗感到困惑而无所适从,导致它无法从话语中找到实质性的信息。不过如果狗狗的状态已经稳定下来,其他的家庭成员也可以用同样的方式进行训练。

第一章 好狗狗是培养出来的

交　流

和狗狗建立亲密的联系是非常重要的，这样它才会理解并遵从您的指导，当然您的行为也要清楚明白，让狗狗读懂您所要求的具体信息。

亲密联系

建立亲密的联系是您和狗狗融洽相处的基础，这种联系是在您对狗狗日常的近距离接触和照料过程中渐渐形成的，也是您在培养狗狗的过程中始终表达清晰、持之以恒、恩威并施的结果。这会给狗狗一种安全感，让它知道可以放心地信赖您。这样一来，您和狗狗就成为一个团队，您则是这个团队的队长，狗狗会愿意尊重您并遵从您的教导，而这种联系是进一步有效培养和训练的前提条件。

领导权

这里的领导权并不是意味着要"统治"您的狗狗，而是要通过您在它心中的权威性和说服力使它服从您的领导。狗狗会从您的肢体语言和语音语调中获取许多信息，您的行事风格是否稳妥可靠、举动是果断还是迟疑都会对它产生影响。您越是稳妥和果断，就越能在狗狗面前树立权威。

声音方面也是如此。和狗狗交流的过程中您的音量保持正常即可，或最好再轻一点。与此相比，语调显得尤为重要，比如您的声音可以平缓安定，也可以急迫有力。如果您要狗狗"坐下"或"停下"，声音需要平静；如果您喊它过来或训练它跑步，声音中就需要传递出"快点行动"的感觉。您的声音可以安定，但必须有一定的语调。如果您的口令听起来有疑问或请求的意味，那狗狗就不

如果狗狗的任性行为没有得到想要的回应，比如图中狗狗牵扯绳子想让您一起，那它以后就不会做这种无谓的努力了

提示板

培养是一个长期持续的过程

这本手册将指导您和狗狗度过第一年的美好时光,但这并不意味着狗狗的培养过程到此结束,在以后的生活中您需要对所教的东西进行持续地强化和巩固,对狗狗恩威并施,促压并举的训练也要持续进行。这样做不但是有益的,也是十分有趣的,在这个过程中狗狗可爱的行为和态度会使您和它的亲密交流十分欢乐。

会严肃认真地执行。责备的情绪也可以借由声音很好的传达:轻声地咳嗽,再严重点时生气地说"不要",最后的杀手锏是严肃地使用威胁的口吻。您详细地对狗狗进行说教,它是没法理解的,如果您和它解释太多,它就会对您的声音不再有反应,因为它不能从中提取有效的信息。

有一些行为是完全不能树立领导威信的,例如长时间地抚摸狗狗,无休止地跟它说话,在它面前流露出紧张不安的情绪或被动消极的举止,还有林林总总各种过多的、无明确目的性的宠爱。如果不能树立领导权,您也就丧失了教导它的威信。狗狗会将您当作玩伴而非主人,只有在它没有发现更有意思的事情时才会听您的话。它会变得更特立独行,不认真对待您的指示,而且如果它被娇宠过度,太自由放任,对主人也会缺乏感恩。

行为主动权

您与狗狗在一个屋檐下生活有一点十分重要:您在狗狗心目中是个有趣的人,而且它在某种程度上对您有依赖心理。要塑造这样的形象除了树立权威性之外,原则上还要求您对很多事有行为上的主动权。

具体来说就是由您来决定什么时候喂狗狗吃饭,什么时候允许它玩耍,什么时候依偎在一起,什么时候享受散步的美好时光,等等。如果您一直对狗狗百依百顺,只要它想要就立刻满足它的任何要求,反而会造成负面后果,您会失去行为主动权。而到底是对狗狗的要求基本都不予理睬,还是偶尔也可以满足一下它的愿望呢?这需要根据狗狗的脾气秉性来进行衡量和判断。

对于那些比较自由跳脱或顽固执拗的狗狗您要始终坚持掌控住主动权,而对那些驯服听话的狗狗则可以适当地放松一些。无论如何,永远不要让狗狗一直占据主动,而您只是做出被动的反应。

把握恰当的时机

肢体语言和声音信号在恰当的时机使用才是最有成效的。因此,根据时机的变化有时候也会出现这样的情况,狗狗刚刚获得您的夸赞不久便又急转直下地被教训了。还有可能您走在路上时故意跟它拉远距离,以这种方法激励它快点过来跟您一起。

如果在以上种种情况中您等待的交流时间过长或传递出了错误的信号,狗狗便很难读懂您的行为所要表达的意图。

第二章　让训练易如反掌

每一只和人类一起生活的狗宝贝的必修课就是要通过训练学会乖顺驯服，但是您要怎么做才能更好地教导它呢？

给狗狗正面的鼓励

狗狗是一种天性好奇并乐于学习的动物，但是您需要对它进行多次连续重复的训练，直到它能流畅无误地完成某件事情。也就是说，由您来设定训练情景，让狗狗原则上只能做您所要求的内容。还有重要的一点，无论训练什么都不要忘记给予狗狗适时的奖励（参见第10页）。

信号的使用

您需要给狗狗一个信号，才能让它明白现在是应该坐下、过来还是做些其他的事情。这些所谓的信号大多是一个词，也可以是训练出的一声哨音和一个手势。怎样才能让狗狗学会读懂这些信号呢？

您自己设想一下，如果有人用一种完全陌生的语言告诉您现在要坐下，您肯定也是一头雾水。但如果您每次落座之前都能够听到这种陌生语言体系中的相应语句，这样经过几次之后您是不是也会把这句话和"您请坐"的信息对号入座了呢？

您的狗宝宝正是通过这样的方式来学习的。如果您告诉它"坐下"，第一次听到这个词它并不知道您想要它做什么，因此您要在它做出相应的动作时再说这个词，经过几次重复练习强化印象后，它就会将词语和动作联系起来了。

狗狗在接受奖励时直起身子，这时候意味着得到奖励的是"直起身子"而不是"趴下"这个动作

这样做才是正确的。在狗狗处于"趴下"姿势的时候给它奖励

关于奖励

奖励的做法听起来非常简单：如果狗狗按照您的要求做对了一件事，就奖励给它一块小点心。然而怎么奖励也是一种技巧，需要注意和学习。首先是要在正确的时间奖励，也就是说在它正在做某件值得奖励的事情时，因为狗狗会把您的奖励和批评理解成对它所做事情的态度（如第9页图所示）。

举个例子，您呼唤狗狗，然后它迅速跑过来，这时您掏口袋找饼干作为奖励。在您寻找的过程中，狗狗在地上到处嗅嗅，跑去看看老鼠洞，或者对着您跳起来站立。如果最后它还是吃到了饼干，它也不会把这个奖励同"跑过来"的动作联系起来。

要一直给它奖励吗

在狗狗能够记住并很好地执行某个口令之前，它每次正确的反应都要给予奖励，甚至在训练刚开始时，您要把奖励拿在手中，以此作为诱赏鼓励它完成某个动作。如果它理解并执行了要做的练习内容，就可以得到奖励的美味小点心，您要等它做完动作再给它甜头，但要快速抓住奖励的正确时机。对某些简单的练习就不必每次都给奖励了，时不时地给一次即可。某些特别乖顺的举动，比如狗狗在与其他小伙伴们玩耍正酣时听到您的呼唤听话地跑回来，要给予特殊奖励；比如马上给它一大把饼干，这会使狗狗有所期待并愿意听从您的指示。当然每次狗狗做对了一件事，您还可以进行语言上的表扬，但是某些简单贫乏的动作如"坐下"等，不必每次都热情洋溢地夸赞。虽然都是口头表扬，也可以根据狗狗的表现在语气程度上有所区分。

重点强调：要在狗狗完成练习后再给予奖励，当它需要完成一个时间略长的动作时，比如"趴下"，不要在它趴下的时候给它奖励，而要等它趴好，完成整个动作以后。

要根据狗狗的口味制定奖励

奖励是激励狗狗好好学习的一个辅助手段，也就是说您的奖励要对狗狗具有吸引力，否则它不会愿意卖力地训练。您首先要了解自家宝贝的口味，知道什么是它最爱吃的食物，可能只是普通的狗粮，也可能是烤鸡块或某种水果。请您尽量使用一些小块的、口感柔软的食材，可以一口吞下去的那种，不要让它有机会一直嚼来嚼去。在训练过程中不宜喂它吃多，更不要让它吃饱。

如果狗狗做错了事

狗宝贝还小，可能不会一直遵从您的指示。如果训练过程不是很顺利，请您首先思考一下是不是训练结构有什么问题，还是您步伐太快了？狗狗能不能正确理解您的信号？训练的跨度是不是有点大？请您将训练的进度倒回去一些，重新再练习一遍，等到您觉得狗狗能够适应训练的节奏再好好地矫正它，这个时候一句有力的话语或一个严厉的眼神就可以达到很好的教导效果。矫正的时机也非常重要，如果狗狗没有按照指示坐下而是站了起来，请您在站起来的时候矫正它的动作。

教导狗狗时注意一下策略是非常有用的。如果您不希望狗狗做某个动作，就不要给它因为这个动作而受到表扬的机会。比如说您不希望狗狗在跟人接触时会冲着人跳起来，那就不要给它这样的机会，也不要让大家因为它做这样的动作而流露出欢喜的情绪。如果狗狗一直

第二章　让训练易如反掌

规章制度要统一：如果规定说狗狗不能爬到沙发上，那么所有的家庭成员都有义务禁止它违反规定的做法

想要招惹邻居花园里养的小鸡，每次靠近或路过那片区域时就及时地拽紧绳子让它悬崖勒马，不要使它有机会放肆逞凶。如果您不准狗狗在沙发或地毯上随意嬉闹，它却蠢蠢欲动，这时候您要根据狗狗的脾气秉性来决定采取什么方法。如果宝贝性情温和听话，咳嗽一声再配上一个眼神或小动作就可以让它停止；如果是比较顽皮的性格就要果断跑过去把它拎起来。您需要充分了解并准确估计宝贝的性格，要保证纠正的措施能够起到应有的效果，既不能无关痛痒，也不能过于严厉，您的反应要能够阻止它，使它明白这么做是不对的。您要衡量一下，什么时候说"不要"或类似的话表示责备或者什么时候提前阻止它做错事。不管怎么样，千万不要从一开始就不停地批评狗宝宝"不要"。在和狗狗打交道时不要表现出匆忙或慌张，这种情绪会转移到狗狗身上，而且会使情形变得更糟。

训练标准要统一

请您在对狗宝贝进行培养训练的过程中时刻牢记，我们以上讨论的所有要点，如树立威信、有意识地使用声音和肢体语言、抓住恰当的时机、适时地给予奖励等措施都是相辅相成，需要我们结合使用的。除此之外还有一点您要特别注意，要了解自家狗狗的脾气秉性，因材施教地和它进行沟通交流。

第二部分
婴幼期狗宝贝的八周培养计划

　　现在可以开启生活的新篇章了！您肯定等不及要把狗宝贝接回家了吧。它会给您带来许多新鲜奇妙的生命体验，您要照顾狗狗，观察它是怎样飞快地学习和进步，看它怎样逐渐地懂得依赖并敬爱您，这些过程都会给您带来无数的乐趣。即使有时也会感到吃力，您也要好好享受这一段美好的时光，因为您要想到这一段时光是如此短暂，狗狗很快就会长大，进入到它的少年时期。如果您能调理好狗狗婴幼期的训练，不但可以防患于未然，为以后的共同生活打下一个良好的基础，也能让狗狗长大后的培育和训练顺利很多。

第三章　接狗狗回家前的准备工作

如何使用训练计划

现在您可以着手训练狗宝宝了！在狗狗搬入新家之前，您需要进行一次彻底的检查，是否一切条件都准备就绪，如果答案是肯定的，那就开始训练计划吧。训练计划按照星期进行划分，计划表上说明狗狗适应新生活的时间，一直持续到狗狗十六周大。如果您不能严格执行这个计划的时间表也不是什么问题，比如说计划表上一周的训练内容您需要两周才能完成也没关系，根据您的实际需求执行，适当延长训练周期即可。但是您最好不要加快进度，因为即使它开始的时候学得很快，在以后的过程中也很可能不堪重负。如果您带回来的狗狗已经稍大了点，也请按照这个计划培养和训练。每个星期的训练计划表上都会有新的学习内容，而且彼此之间有一定的关联，请您按照顺序依次进行系统化训练，不要删改和跳越进度。您可以在信息板上看到每次新课程的概况介绍。

一只"货真价实"的狗狗

即使您的狗宝贝外形小巧可爱得如同商店里的毛绒玩具，也请您告诉自己这是一只"货真价实"的狗狗，它正处在婴幼期，是学习进步的黄金时代（参见第18、19页）。请您以这样的心态对待它，不管它属于威猛还是小巧的品种，都要向孩子们说明，狗狗不是可以玩弄的玩具。

认识狗狗

每只狗狗都是一个独特的生灵，有自己的性格。狗狗中既有温柔型，也有冒失鬼，有的脸皮厚，有的很友善，还有介于两者之间的类型。您很快就会辨认出自家的狗狗是哪一种。前面我们已经提到过，在培养狗狗的过程中准确了解它的脾气秉性是举足轻重的，这样您就可以有针对性地适当调整自己的行为。如果您的狗狗太柔顺软弱，过于威严的教育模式就会给它一种不安甚至被逼迫的感觉；相反，如果您不好好管教"调皮鬼"型的狗狗，行为不够坚决果断，它就不会对您有尊敬的心理。总之，您要在狗狗面前树立威信，这是您开始训练的前提。如果您的天性和狗狗所需要的训练者素质不完全匹配，请您有意识地尝试调整一下自己，然后做一些练习，一定可以取得想要的效果。

质在前量在后

狗狗并不需要长时间的训练安排。您甚至需要让它了解，并不是所有的事情都是围着它转，这一点非常重要。也就是说，您不必一直训练它或陪着它，带着它做一些简短的、但是经过潜心思考的练习活动，不要追求过多的数量或训练时间，不按照计划很容易使狗狗感到迷惑。

目　的

在狗狗的这段黄金时期我们需要达成什么样的目标呢？首先，要做到让狗狗充分了解以后的生活环境，建立对您的信任感，把您当作主人，学会听从您的指示。这些都需要以狗狗驯服为前提，通过训练要使狗狗循序渐进地明白，做主人要求做的事才是唯一正确的选择，树立这样的意识非常重要。但是也不必为此一下子给狗狗布置过多训练任务或教它太多口令,这对它来说有点太难了,而且收效不大。以后学习的机会还有很多,狗狗的一生之中都在不停地学习,只不过学习基础的社交行为是在婴幼期,因此这一段时间也称作它的社会化时期。

领养前的一周

距离把狗狗接回家的日子还有一周左右,所有狗狗需要的相关物品应该要购置齐备了。请您检查一下住宅对狗狗而言是否安全舒适,确认相关事务是否已准备妥当。因为狗狗进来后,会把您平时的生活节奏打乱一些,占据您很多的时间。

保证狗狗在住宅中的安全

如果您从来没有养过狗,那您可能会不太适应有个小东西一直在您眼皮底下到处乱跑的感觉,您根本无法预料它会无孔不入钻到什么地方。不过这也要看具体情况,狗狗的习性各不相同,有些狗狗积极活跃,乐于"探险",有的相对来说比较乖巧。现在您还不知道狗宝贝性格如何,为了避免让它受伤,并保护您的居家环境,请您在狗狗入驻前检查所有生活设施对它而言是否安全无害,不要忘记以狗狗的视角进行观察和考量。

电线:请您把电线整理好,塞到沙发或柜子后面,不要让狗狗有接触的机会。

房间里的绿色植物:地板上放置的花盆往往会吸引狗宝贝过去挖土。请您把房间里种植的绿色植物集中挪到狗狗无法进入的某个地方,或者围上护栏让它看不见,还可以在前面放一个家具遮挡住。

化学物品:对有些狗狗而言几乎没有东西是安全的。请您把洗涤剂和其他含化学成分的物品存放到狗狗接触不到的范围,最好放到一个密闭柜子的顶层。还有垃圾箱也是重灾区,很多狗狗非常喜欢去里面掏东西,请您提前做好防范措施。

在把狗狗带回家的路途中,请您把它放在膝上,这会使它感觉在新环境中并不孤单

核对清单

狗狗需要哪些东西

在狗狗搬进来之前您需要为它置备下列物品。

与狗狗的舒适生活相关

- 狗粮！请您提前了解好之前狗狗一直吃的是哪种食物，并按照同样的方式喂它，当然前提是狗狗可以从中得到充足的营养。至少在刚开始的几周内请您不要改变它的食物，这样它不至于在适应生活环境突然改变的同时还要调整自己的胃口。
- 食盆！狗狗的食盆和水盆要提前备好，要求大小适中，最好是防滑材质且便于打扫。
- 狗床！狗狗也希望能够有舒服的床铺，狗窝里要配上一个柔软的靠垫，对于这个时期的狗宝宝来说大小要合适。靠垫要便于清洗，也不必太贵，因为狗狗长大一些后可能就用不到了，只要能让狗宝贝舒服地躺在上面休息即可。
- 玩具！请您不要忘记到动物玩具市场购买一些玩具，不必买太多，有两三件就可以了，比如一卷皮跳绳或一个带绳皮球。在购买时还要注意一点，玩具上的小零件不要松动，否则有散落后被狗狗吞下的风险。
- 狗笼！当狗狗脱离了您的视线约束时会到处捣乱闯祸，这时候您需要为它准备一个小窝，让它待在里面"冷静"一下，在里边的小空间它也翻不起什么风浪。准备一个笼子对训练它养成不随地大小便的习惯也有一定作用，您可以在宠物用品市场找到各式各样的狗笼，甚至还有折叠式的。如果您想买一个狗狗成年后也能用的笼子，请您仔细选择大小型号，要考虑到狗狗在里面能否自如地站立或躺倒。

与狗狗的培养训练相关

- 颈圈！请您向养殖者了解狗宝宝的颈部尺寸，根据尺寸购买大小合适的颈圈。小家伙长得很快，所以颈圈最好能够调节宽度，材质最好挑选尼龙，收缩率低。最开始的时候狗宝宝的颈圈基本不离身，如果狗狗品种属于小型犬，最好给它配胸带。
- 狗绳！狗绳是和颈圈搭配一起使用的，绳子的长短可以借助第二个锁扣进行调整，这样做很多练习的时候都很方便。在训练的时候狗狗一直被绳子牵引，训练时得到的奖励会使它对狗绳有一种正面的认识。
- 驯狗口哨！如果狗狗已经走出一段距离，训练者——尤其是女性的声音就会显得比较微弱，这种时候驯狗口哨是一种有效的帮助手段。请您准备好两个一模一样的口哨，一个作为备用，功能稳定的塑料口哨是不错的选择，它的声音您也可以听得很清楚。

如何训练小狗

狗绳、颈圈和驯狗口哨是训练小狗的基本工具

狗狗用的垫子要便于清洗,去宠物用品店可以买到质量可靠的玩具

地板和地毯:狗宝贝总是很喜欢去咬地毯,还有许多狗狗在学会定点大小便之前习惯找一块"柔软"的地方解决。如果您的地毯价值不菲,请您最好在开始养狗狗的几周之内把它卷起来放好。但是如果地板过于光滑,请您在狗狗经常活动的区域铺上地毯,避免狗宝宝滑倒损伤关节的情况发生。

楼梯:上下楼时的楼梯对狗宝宝而言是危险事故多发路段,它有可能会摔倒甚至一直滚下来,而且经常爬楼梯对小狗的关节是一种损害。如果不想总是注意楼梯口的动向,请您安上一道栅栏,在最初的几个月禁止狗宝宝进入。

小物件:狗宝贝和小婴儿一样总是喜欢把所有的东西都放到嘴巴里尝一尝,但是它们并不知道很多东西是不能吃的。如果和狗狗一起生活的家庭成员"群体"之中有小孩,请您一定向他们说明千万不要把积木或其他东西丢在地板上,尤其注意检查狗狗经常活动的领域。还有带塑料眼珠的毛绒玩具对狗狗来讲也很危险。如果儿童房在二楼,请您在楼梯处装上栅栏。

保证狗狗在花园中的安全

您在花园中也需要像在房子里一样做好防范措施,这里可是狗狗最喜欢"探险"的一块"乐土"啊。

田垄和池塘:最开始两年请在您认为比较重要的田垄周围插上一道简单的篱笆,如果狗狗从开始就不能进到里面,以后它也不会再起这样的念头,但如果它一直可以畅通无阻地在里面玩耍,它会一再想要进去撒野。在池塘边上也要做好防护措施,以防狗狗失足落水。

地窖:敞开的地窖对狗宝贝的安全永远都是一颗不定时炸弹,请您将地窖门务必关紧或锁好。

农具和化学药剂:园地劳作用的农具一般非常沉重且有锋利的尖端,比如犁耙等都属于危险物品。请您把农具都放在储物间里,还有肥料、蛞蝓药丸等东西也要保管好。

花园篱笆和阳台:原则上主人不应该让狗狗单独待

第三章 接狗狗回家前的准备工作

这样一个狗笼会在很多时候派上用场。如果狗狗能够很好地适应，它会喜爱自己的这个"小窝"

为了保证狗宝宝的安全，某些危险区域如楼梯等最好封闭起来

在花园里，不过夏天的时候可以偶尔来一次。为了不让狗狗离开家门或者防止有人来偷走它，请您给花园安上篱笆。注意管理您的篱笆，修好所有的漏洞。就算不可能把整个花园严丝合缝地围起来，也至少要圈起阳台周边的部分。如果狗狗可以爬到阳台上，请检查好阳台的栏杆是否够结实，空隙是否够小，如果不是请您用铁丝或绳子之类的缠一下，做好防护措施。

小狗团体活动"协会"

对第一次养狗的人来说，参加一个有良好组织性的社团或协会是十分值得推荐的方法。请您仔细查访周边是否有这样的小狗培训班或活动协会，您最好以观众的身份先去参加一下不同团体的活动，分别观察一下各自的特点和具体情况。需要强调一点：在一个团体里，初生16周以内的小狗数量应以4~5只为佳。活动中训练者应注意，不能让某只小狗在训练时被欺负或排挤，必要时要进行人为干预。在一个团体中，年纪稍大的狗狗是吃不了什么亏的，他们高大威猛，无形中给小狗狗们带来了压力。此外，如果小狗的数量过多也会使它们感受到这种压力，如果出现这样的情况，小伙伴们就很难在一起愉快地玩耍了。训练中请注意一些重点：建立狗狗与您之间的信任感和归属感，以正确的方式与狗狗相处，以积极的奖励引导狗狗做一些驯服性练习。这个过程中您会学到一些重要的基础性训练方法，而狗狗们也会在中间的游戏活动中进行一些同种族之间的社交行为，学会怎样和彼此相处。你要通过这些活动使狗狗了解，即使有其他的小伙伴出现在视线中，主人仍然是它的中心人物。也就是说不要让狗狗的性子玩野，随随便便就抛弃主人跑去跟其他狗狗撒欢是坚决不允许的。组织性良好的团体往往比较抢手，需要提前报名或排号等待参加活动。

狗狗的婴幼期会发生哪些事

狗狗搬到新家的时候大都在8～10周左右。虽然它还十分幼小，但也是经历了一些生命体验的。

1 生命之初

狗宝宝要经过约62天的妊娠期来到这个世界。身体健康、各项机能健全的狗妈妈不需人工帮助就可以自然分娩。她能自行咬破胎膜、咬断脐带，舔净仔犬身上的粘液。狗妈妈的舔舐会激活仔犬的血液循环，让仔犬开始自主呼吸，因此这是一个至关重要的流程。初生的狗狗其实目不能视，耳不能听，只能凭直觉摸索着挪动。这时的它们完全依赖于狗妈妈的哺育，而消化系统也是当妈妈的舌头舔舐它们小小的腹部之后才开始运转。

不过这时的仔犬也已经具备某些能力了。它们可以感知冷暖，嗅觉器官也开始初步启动，比如说在狗狗刚

出生后不久，本能就会指导它们迅速找到食物的源头，吸吮妈妈的乳汁，这正是出于对冷暖和味道的感知。它会目标明确地蹭蹭挪挪，甚至可以越过狗妈妈的腿和其他初生的兄弟姐妹，直到找到妈妈的乳头，然后就趴住吮吸。它喝得如此酣畅痛快，很快就会灌个饱足，嘴里常常还衔着乳头便沉沉睡去。

2 初生摸索阶段

这一阶段从狗狗出生开始，涵盖了狗狗的吃喝拉撒睡各个方面，狗狗在这一时期会获得某些重要的生命体验。出生后独立寻找妈妈乳头的过程就是一种重要的锻炼——仔犬通过自己的努力获得成功，也经历一些竞争的压力。如果这时人力干预帮助它喝到乳汁，这种"帮助"反而会对它的正常成长造成伤害。如果爬得太远，离开了兄弟姐妹的围绕，它就会感到寒冷，于是通过对冷暖

和嗅觉的感知它又会重新回到温暖的同胞手足身边,在这里它能通过紧密的身体接触得到一种安全感。狗妈妈的到来也会激活这群仔犬的嗅觉器官,哪怕宝宝们都已熟睡,如果妈妈突然来到,它们也会一下子变得清醒并马上咪叫着寻找奶源。如果好不容易找到的乳头被兄弟姐妹抢走,仔宝也会有受挫沮丧的情绪,这都是初生阶段会经历的磨炼。所有这些成长经历都会为狗狗以后的生活打下一个健康的基础。这一阶段大概会持续到第三周中期,直到狗狗睁开眼睛看到这个世界。

3 社会化阶段

当狗狗慢慢睁开眼睛——这需要大概两天的时间,一个新的重要阶段宣告开始,直至狗狗长到第16~18周结束。狗狗的大脑这时已经可以接收生命中新的印象或经历,并可以长时间存储这些记忆。这个阶段是狗狗依据本能对自己的整体生活勾画轮廓图的时期,它会观察并了解自己的同类是哪些,它们的模样和气味是怎样;它会知道哪些东西可以吃哪些不能,在和群体成员共同生活时要遵守哪些规则。这些东西都会深深地印在它的脑子里,让它终生牢记并遵守,但这种铭记式的学习是时效性的,如果此时耽误了某些方面的学习,以后很难再弥补回来,而有些错误的观念一旦进入了记忆,也会根深蒂固、难以纠正。这些知识对狗狗以后的培育和训练意义非凡,我们还会进行详细的说明。

发现和了解周边环境

一睁开眼睛,狗狗就开始有意识地去了解周边的环境了。其他的感知器官也慢慢开始工作,狗宝宝开始听见声音,也能闻到更多气味。身体的成长是和脑部发育

同步进行的,狗狗越活泼好动,它对周围环境也会越兴致盎然。尽管它第一次试图站立行走时活像喝多了酒的醉汉,但它的小短腿很快就变得越来越强壮。出生时的小窝曾是它全部的世界,但它很快就会发现这并不是所有,外面还有一片新天地,它会慢慢摸索着爬出小窝。当然并不是每个狗宝宝都这么有勇气,但是好奇心总有一天会驱使一个最勇敢的小家伙抬起腿来,于是所有宝宝们很快都会来来回回穿梭自如了。然后会有一只小先锋开始离开老窝探索新环境,于是整个的小狗培育场就都被划入了活动范围。培育场中常常能发现松动的木板、地洞、发出各种声响的玩具,这些都会激发狗宝宝进一步探索的欲望,并能够加强它的自信,同时训练狗狗的运动机能和协作能力。

种群内的社交行为

狗宝宝现在已经开始学着和兄弟姐妹相处了，在腿还打晃的时候就迫不及待地一起嬉闹玩耍。随着身体越长越结实，四只小腿站得越来越直，它们很快就开始打闹着滚做一团。在这个过程中它们会学习怎么和同种族的小伙伴们相处，这种同类之间的社交能力一部分来自天生，一部分必须通过后天的生活经历才能了解。比如，狗宝宝第3周会慢慢长出乳牙，这时它们就会学着"凭感觉"拿捏玩闹的分寸，如果闹着玩的时候不小心把兄弟姐妹惹火了，对方可能就会直接回击或结束这次游戏。

社交伙伴——人类

这个时期还有一件事会发生：从第3周开始狗宝宝开始感知到人类的存在，如果有人抚摸它或和它讲话，它就会欢乐地摇起自己的小尾巴。如果从这时起人的存在是它日常生活中的一个固定内容，那它也会把人当作自己重要的社交伙伴，因此一个称职的饲养者应该注意让狗宝宝定期接触一下人类，无论是成人还是孩子，但是一定要注意让这些人使用正确的行为方式。那些相对来说没有或很少有机会和人类相处的狗宝宝，还有在和人类接触时受到负面影响的宝贝，长大以后在性格上都会有不同程度的缺陷。

品性的形成

每个狗宝贝从出生起就有某些既定的品性，于是在我们看来就会有一些"小勇士"，发现什么新鲜事物的时候它们总是自告奋勇地往前冲；那些奉行中庸之道的狗宝贝，会让那些比较勇猛的兄弟姐妹先行探路，然后自己在一边紧盯着观望；而其他小伙伴们的胆量又排在这些小家伙之后，它们也好奇但只敢藏在后面，偶尔怯生生地向前探下头；还有一类狗宝贝自小就极为谨慎小心，它们听到大一点的声音就会赶紧找个地方躲起来。有些宝贝性情温和独立，有些从小就拉帮结派，有良好的"领袖素质"。除了这些天生的秉性，后天环境的影响和同人类的相处等生活经历也是塑造狗狗品性的重要因素。在后天培养的过程中我们也会发现，那些天生性情顽强、遇事淡定的狗狗即使曾经受到过一些负面经历或压力的影响，在适应多变的环境时也比那些天性优柔敏感的宝贝更能应对自如。

4 新家新气象

搬进新家的时候狗狗一般只有8～10周大，还处在社会化阶段的中期，现在培养教育它的责任就转到您的身上了。

充分利用宝贝的长期性记忆

在接下来几周里狗狗仍然会将学到的东西长期存储在记忆中，这对您来说可谓极大的便利。您可以有目的地将某些经验或印象通过训练"输入"到它的脑子里，使它更加适应以后的共同生活。

这同时意味着需要您投入很多时间和精力，这些投入长远来看都是非常值得的。所有狗狗在这一生命时期认识到的事物都会被归划为它的"世界的一部分"，也就是说这些东西对它来说是正常生活的组成部分。所以您一定要好好考虑清楚，您的生活中都会出现哪些内容，然后就可以有计划、有步骤地让狗狗一步步熟悉您的生活节奏。这个认知过程涵盖您生活中的所有方面，比如有些人如果在大城市居住可能需要经常乘坐地铁或

第三章 接狗狗回家前的准备工作

巴士；有些可能会常常出去用餐或定期走亲访友；有孩子的家庭可能会有小朋友们来做客，或者亲友中有小孩子，偶尔来访的也不在少数；有些人会把狗狗带到办公室里或时不时带它出门遛遛。所有这些都是狗宝宝需要学习的认知范围，要保证它和这些事物进行适度地接触。

如果您想要狗狗掌握某些特定技能，也要从现在就开始奠定基础，如果您想要狗狗驯服乖顺或灵活敏捷，就应早早把它带到训练场地熟悉相应的训练环境；如果您想让狗狗成为一条出色的猎犬，请带它认识树林和田野，并学习辨识鸟兽的毛皮和羽毛。

和不同类型的人相处

如果希望狗狗平时一直都会陪伴在您和家人的身边，一个重要的前提是：它可以友好地，最起码是保持平静地和所有人相处。因此在狗宝宝时期要让它尽可能多地接触各种类型的人——孩子、女性、男性、老人、戴帽子的、拿手杖的等，这样它就会觉得"各色人等"是这个世界的正常组成部分。如果狗狗天生对人类缺乏安全感或对陌生事物不敢信任，不要放任它游离于群体之外，可以通过我们之前提到的方法预防可能出现的过激反应。

同 类

在出生时的狗窝里，狗宝贝知道了同类应该有的模样，对它而言狗狗就应该长成狗妈妈或兄弟姐妹们那样。在狗窝里的生活使它开始认识和了解同类，并学习怎么和它们相处。搬入您家以后，这种同种族间的社交学习被迫中断了，因此您需要在前几周内不时地带狗狗出门，让它能够拥有与同类小伙伴接触的机会，最好的方式是带它参加小狗活动社团，社团里往往有品种各异的狗狗。在这里您的宝贝会看到各种长相的同类，而它们玩耍的方式也不尽相同。

很多狗狗从始至终在与同类交往方面就没有任何困难，但有些宝贝在开始时会有点胆怯甚至惊恐，这样的狗狗需要您守在一旁好好地看护，让它和其他小伙伴先适度地玩耍一下，这种保护和鼓励非常重要，这样会树立它在面对小伙伴时的自信心，以后再碰到同类的时候也不会感到如临大敌。

第四章　第1周训练计划

新成员驾到，紧张刺激的宝贝计划开启了！第一周的生活主题是适应新生活，对狗宝宝而言搬入新家意味着生活发生了翻天覆地的变化，各种新事物像潮水般涌来。与此同时，您也需要慢慢适应多了一个新伙伴的生活节奏，尽管如此，第一周仍然需要安排一定的训练计划。

迁入之初

请您先给狗宝宝一点时间好好地观察一下新家的生活环境。第一个星期在房子和花园里活动就足够了，出去郊游或散步之类的要过一段时间。您的朋友们或家里的孩子团肯定早就迫不及待地欢迎新成员了，见到它必然会兴奋地逗弄抚摸个不停。请您安抚好亲友团，等一段时间以后狗狗适应了新环境再说。新环境中的第一周，狗狗会慢慢认识生活中相关的家庭各成员，它也会知道自己的主人是谁。

让狗狗习惯自己的名字

您事先肯定已经为狗狗选好了一个名字。为了让宝贝很快知道这是他的名字，请您在和狗狗相处愉快的时候叫它。当它感到疲倦的时候，请您坐到旁边温柔地搂紧它，轻轻地抚摸它，在它享受这美好的陪伴时，念几次它的名字。如果它状态比较活跃积极，请您拿一个玩具引导它一起玩耍，玩到高兴的时候再叫几遍它的名字。

在这段时间，您可以在喂它小点心时也喊喊它的名字，这样它以后听到自己的名字时就会集中注意力听您的指示。在刚开始的几天里，请您按照上面的方法多多练习几次。

有针对性地谈话

狗狗的名字只有和积极的事情联系在一起才会对它有实质性的意义，因此请您有针对性地和它说话，如果需要的话也请向孩子们解释这一点。因为如果狗狗总是听到自己的名字，但不能把它和任何事情挂钩的话，它很快就会对您的呼唤失去反应，名字对它而言就变得毫无存在意义了。不仅是这个星期，在它的一生中您都要注意这一点。

重点强调：永远不要在负面情况中喊叫狗狗的名字。比如看到狗狗啃咬毯子上的挂穗时，逮到它翻腾垃圾桶时，或者又有其他的"创意奇招"时，请您务必忍住怒吼它名字的冲动。哪怕它在您的卧室里尿出了一汪"水潭"，也不要大为光火地喊它的名字，您一定不想看到它一听您喊它名字就吓得畏畏缩缩的小模样。

训练狗狗定点大小便

这是我们从第一天就希望达成的目标，是接下来需要学习的重要一课。还生活在狗窝的时候，我们的狗宝宝就已经慢慢自发地萌生出一定的卫生意识了，方便的时候它会尽量离睡觉的地方远一点，这种爱洁的习性出自本能，所以您只要好好地引导，告诉它哪里是方便的地方，让它尽量不要排在屋子里。

白天的"日常"

狗狗的排泄是相当频繁且快速的,请您时刻留意它的状态,最好是您能和它一直待在同一个房间。只要它有些许不安,开始朝着门的方向走,在地板上到处嗅嗅,发出哼哼唧唧的呻吟,开始转圈或蹲下,就请您赶快把它抱到屋外去。不要在刚带出去的时候就敦促它,而是要在把它顺利"托举"到花园中的指定排泄地点后再鼓励它赶快"解决"。这时距离它真正"行动"还有一点时间,它一开始"嘘嘘"或"便便"的时候就在边上说"加油,快点!"之类的话,每次都要说。即使它没有表现出任何征兆,只要有一段时间没有大小便,不论它是刚睡醒还是正在玩耍,刚吃完东西或者正在吃饭,您都要带它去外面催促它赶快方便。这样保持一段时间,如果狗狗每次方便时都会听到诸如"加油,快点!"之类的词语,只要它有一点尿意,您鼓励它规律性排泄的行为就会达到很好的效果。

晚 上

在您上床休息之前,请您再带狗狗出去方便一次,这样狗狗就没有机会在屋里做"坏事"了,时间一长狗狗很快就会明白怎样做才是"乖宝宝"。狗狗一般情况下不会弄脏自己睡觉的地方,如果您把它系在"小床"上不许它自由活动,那么它想要方便的时候就会变得焦躁或者发出呜呜咽咽的声音,这时您应尽快把它带到屋外去。为了不让它轻易离开自己的小床,最好让它睡在一个狗笼子或大小适中的垫子里。当然最重要的一点是,让它睡在您的床边,这样它有什么动静您都可以随时听见,因为它不会提前告诉您今天晚上要去几次厕所。带

学习时间表

第1周训练主题

让狗狗习惯自己的名字
训练狗狗定点大小便
让狗狗习惯笼里的生活
建立和狗狗的亲密联系

训练活动	训练频率
一喊即到	每次饭时
"坐下"	每天 5 ~ 10 次
"看这儿"	每天 5 ~ 10 次

它出去"如厕"的时候请您果断干脆,不要拖泥带水;不要带它散步,不要随着狗狗的性子,不要让它撒欢玩闹,不要让它拽着绳子在花园里"旅行",方便之后就马上带它回屋睡觉。如果您感觉到狗狗想要搞一些"小动作",请您直接忽略就好。

狗 笼

或许您现在在想:可怜的狗狗,我要把你关到笼子里吗?您不必这么担心,事情不是这样的。狗狗们喜欢洞穴类的东西,它很快就会喜欢上自己的小窝。

用狗笼子有很多好处,除了可以帮助训练宝贝晚上

定点大小便之外,它还为狗狗营造了一个可以"谢绝来访"的桃花源,如果有小客人来访又特别长时间地逗弄狗狗,这时封闭的笼子就成了一个很好的躲避场所,狗狗在里面既清静又安全。如果您有什么事情要忙,比如打电话,暂时不能很好地看管狗狗,那么让它窝在笼子里也是一个很好的选择。这样它没法出来捣乱闯祸,待在里面也不会受到什么伤害。如果狗狗训练或玩耍得太累了,只要在笼子里好好休息一下,很快又生龙活虎了。

让狗狗习惯笼里的生活

请您根据狗狗的大小和喜好把笼子布置得舒服安适,在里边放一个"小床",几块饼干和一个玩具。把这些东西放在笼子的一角,这样不影响狗狗关注外面的世界。如果宝贝累了睡了,请您把它挪到笼子里,如果它很快就睡沉了或没有表现出想要出来的愿望,就请您把门关上,如果不是这样请您一直开着门,让它可以自由地进出。只要它是自发走进笼子,就关上门,刚开始试探性地只关一小会儿。

请您尽量在狗狗提出抗议之前就把门打开,如果狗狗已经开始挠门,请您先晾它一会儿,等它安静下来再开。您要知道,狗狗可以通过成功的经历总结经验,而您一定不想让它知道"造反有理",只有好好表现才有好结果。过了不多久等狗狗接受了它的小窝,想睡觉的时候就会自觉地进到里面。晚上的时候请您把笼子拿到卧室里,上床休息之前关上笼门。然后就要安静地睡觉了。这些流程都需要狗狗慢慢学习和适应。

如果狗狗要"方便"了,请您尽快反应和行动。赶紧把它抱起来,带它去固定排便的地方

建立亲密的人狗关系

狗宝宝这时已经非常愿意信赖您了，因为它要依赖您的照料，只靠自己是没办法生存的，而狗狗骨子里的追随性也是因为这个。这一点我们在以后的训练中可以稍加利用。这一周狗狗会习惯您的存在，您与它之间的信任和依赖也在慢慢建立。为了巩固这种亲密关系，之后的几个星期请您不要把定期或长时间照顾狗狗的任务交给家庭成员以外的人。如果您家人口较多，请选一个人作为主要的训练者，担负起喂养和训练狗狗的责任。肢体上的亲密接触和玩耍之类的游戏可以促进训练人与狗宝宝之间的感情。所以您和狗狗要经常待在一起，做做游戏。请您好好地试验几次，看狗狗喜欢什么游戏，喜不喜欢玩具，然后按照它的喜好陪它一起玩。

游戏准则

玩耍本身是一种愉悦的行为（游戏本来就制造快乐），但同时也需要遵守规则，这个学习规则的过程也会增强人与狗之间的联系。狗狗必须知道在游戏中不能张嘴咬人，我们没有像它们一样厚厚的毛皮作缓冲，不能抵御它的小尖牙，所以要让狗狗学会收敛和克制。为了达成这一目的，请您保持这种意识，适时地调整自己的行为，别把狗狗惹到呲牙示威的地步。

如果这样狗狗还是容易反应过激的话，您每次面对这种情况时要迅速打住，不发一言地停止游戏，拿走玩具然后转身离开。经过一个星期的练习，您会发现狗狗的性情变得温和了许多。

偎依和抚摸等肢体语言会给狗狗带来安全感，也会促进主人和它的情感联系

对狗狗而言，和人一起玩耍是一种有趣的娱乐活动，这个过程的重点是让它了解游戏过程中需要遵守的规则

如何训练小狗

步骤 1 充满期盼的眼神

步骤 2 哨声响起,绳子松开

一喊即到

现在狗宝宝已经有些适应新环境了,让我们开始进行简单的训练。对狗狗来说,吃东西是一件很高兴的事吗?您是否发现了它的最爱,可以制作训练的诱饵了呢?比如它可能不大喜欢狗粮,但超爱吃鸡肉?在这个星期,我们要做第一项也是非常重要的驯服性训练:喊它过来。您的狗狗要学会一听到呼唤就立刻奔回您的身边。当然最后取得成功不是那么容易的,您要从一开始就仔细考虑,制定一个系统化的训练方案。

声音信号:您首先需要考虑用哪种声音信号,这必须是一种清晰、始终如一的指令,比如说"这里"两个字是可以使用的。训练者在发出指令时可以拉长声音,这种信号平时基本也不会在日常生活中出现。"过来"这个词就很不一样。请您细心留意一下,平时在什么情境下会用到"过来"这句话,在和狗狗相处时会怎样使用这句话。作为一种替代工具,您还可以使用哨子发出声音信号。您要先让狗狗熟悉这种声音,然后再教导它这样的声音意味着什么指令。好好想想要用哪一种哨子,最好准备两个一样的备用。

训练步骤:首先要选择一个合适的时机和训练环境,让狗狗集中精力,认真学习您给它的东西。

请您最好从早上吃第一顿饭开始,清理周边环境,保证没有杂物转移狗狗的注意力。您是它主要的培养人和训练人,今天要一如既往地走到平时给它做饭的地方,比如说厨房,为宝贝准备食物。在这期间,另外一位家庭成员要来看住狗狗,抓着它的颈圈或胸带,使中间距离保持在3米左右,不要发出"坐下"或其他信号。这时候被固定住的狗狗会盯着您并且想过来找您,但因为受到束缚而无法前进。如果它的饭已经准备完毕,或者您做好了它爱吃的点心,请您蹲下来,手里端着食盆,喊一声"这里"或者吹一声口哨。与此同时另一个人要

第四章　第1周训练计划

步骤 3 ……飞奔来到您的身旁

步骤 4 面前是它的奖品

配合着松开绳子，狗狗就会马上飞奔过来。等它来到身边时您先用手抓点东西放到食盆里，然后把食盆放在它面前的地板上，在它尽情享用的时候待在它旁边。您直接用手抓点心喂它也可以，同时使用语音、语调夸赞它。之后每次吃饭时你都要重复这样的做法，这样狗狗就会将"这里"或哨音同要它过来的要求关联起来，而且每一次练习对它而言都是一种愉悦的经历。如果没有人可以配合您牵住狗狗，请您在蹲下来放食盆或发饼干的时候立刻发号施令。

适时地奖励：如果狗狗听到口令就来到您的身边，要及时给它奖励，在发令的时候您就要把奖励拿在手里准备好。不要让它来到之后马上坐下，这样它就会把您的奖品当成对"坐下"而不是"过来"的奖励，现在训练它听口令就过来是我们的训练主题。

请注意：您从第一章就已经了解到，狗狗需要进行多次重复练习，直到可以流畅无误地完成动作，才算真正掌握一项技能。教它学会执行"过来"的命令也是如此。比如说您和狗狗在花园里，如果您想训练它过来，千万不要喊"这里"或吹哨子，要用声音诱导它"看看那是什么"，然后从它身边走开，因为如果您现在就喊"这里"，但狗狗没过来，而是仍然到处乱嗅或乱跑的话，即使它能够听到呼喊或哨音，这种信号也会失去应有的意义。如果这种情况出现几次，狗狗就会知道"这里"意味着偶尔的奖励，但并不具备具体含义，这种错误的认识会长期根植在它脑子里。这样解释您肯定就可以理解为什么不规范的训练流程会导致狗狗在以后的生活中都不会听从口令过来，因为它根本就没有真正地学到这项内容。如果是这样，以后您必须还要花费大量的时间和精力纠正它的错误，重新树立正确的观念。因此最好还是防患于未然，从现在就打好基础。

如何训练小狗

步骤 1 变身吃货的眼神

步骤 2 跳起来,芝麻关门

步骤 3 坐下就有奖赏

训练"坐下"

如果您按照下面的说明进行训练,您会惊讶地发现狗狗学会"坐下"的速度是如此之快!

训练步骤:先在房间里进行训练,周围不要有干扰因素,狗狗的绳子可以放松一点。拿一块点心,展示给狗狗看一下,把点心举过它的头顶。一个非常重要的因素是,这种点心一定要是它最爱吃的,能够引它垂涎的,只有这样它才会千方百计地努力得到这份奖励。如果它跳起来,握起手掌不要让它够到,然后把手放下来。您就这样忽上、忽下、忽左、忽右地晃来晃去,狗宝宝很快就能活跃起来。接下来要好好观察它的动作,它总会在某个时刻坐下来,这样会让它觉得舒服点,同时也不影响仰望的视线。抓住这个时机加重语调喊一声"坐下",同时给它奖励。吃到点心以后狗狗很可能会站立起来,这种情况是正常的。在这之后再重复练习一两遍。

适时地奖励:请您注意,狗狗得到奖励时应处于四肢着地的状态,不要在它已经站立或跳起以后给予奖励。

重点强调:在狗狗努力尝试得到您手中美味的过程中,比如跳起来或做其他动作时,请您不要喊"坐下"的口令。它现在并不明白这是什么意思,需要经过系统化的训练才能让它把这个信号和相关的具体行为关联起来(参见第9页)。如果您在它跳起的时候也一直喊着坐下,它或许就把这个口令当成了跳起的信号。

训练"看这儿"

许多时候都需要狗狗把注意力转移到您的身上,因为只有在它集中精力关注您的时候,您才有可能和它进行直接的沟通交流。很多主人都选择把狗狗的名字作为这项训练的声音信号,但是名字只有在特定场合使用才能起到口令的作用,而大多数家庭很难做到这一点,家人和朋友们经常会在和狗狗讲话时喊它的名字,而谈话基本上没有什么固定内容,和名字并无关联。这种情况下,最好使用一个别的声音信号,比如"看这儿"。

训练步骤:在房间里进行训练,排除周边干扰。这时您也可以用绳子牵住狗狗,但绳子要松垂下来一些。

请您在手里不露声色地藏一块点心,然后舌头叩响上腭,发出一种异常但有趣的声响。这时候宝贝会惊讶地抬头看您。这时候气氛正好,请给它奖励,然后重复练习两三次。如果这招不能奏效,请您先把点心展示给狗狗看一下,然后举到您的膝盖位置处,这时候狗狗会抬头看吃的,同时就能看到您的脸。保持这个动作停顿一会儿,狗狗会蹭来蹭去地挪动,然后看着您。等它的视线看过来时抓住时机喊"看这儿",然后把奖励给它。

请注意:狗狗在训练时姿势是站、坐、平躺都不重要。在狗狗与您对视时给它奖励,不要等到它视线再次飘走的时候再给。所以您最好先把点心握在手里,等宝贝看过来的时候就直接丢下来给它。

步骤 1 狗狗在观察环境

步骤 2 叩舌头,吸引它的视线

第五章　第2周训练计划

宝贝现在已经陪伴您一个星期了，它慢慢地适应了您的存在和环境的改变，您肯定也已经接受生活中多了这个小家伙吧。既然新家已经熟悉了，我们这个星期就开始安排一些户外训练吧。请您继续巩固上星期学过的训练内容，可以加一些拓展发挥，然后我们引进一些新内容，您看一下这周的学习时间表就可以一目了然。

大小便的声音信号

您现在是否对狗狗的大小便规律了如指掌了呢？当您看到它蹲在门边或发出呜呜的呻吟，您是不是很快就能反应到这是它要排便的前兆？就算您对这些都心知肚明，还是免不了百密一疏，偶尔在房间里发现一坨便便什么的。这种情况下请您千万不要因为这个大发雷霆，默默地打扫它的粪便就好，清理干净之后再消下毒。

如果您在它撒尿和排便的时候一直都给它一个信号，比如"加油，快点！"，那么现在是时候检验一下这个口令能否达到条件反射的效果了。发现它有一点"可疑"迹象的时候，您就把它拎到花园里平时方便的地方，叨念几遍"加油，快点！"，总之平时您用什么催促它现在就多念几遍。如果它在这之后"进入状态"，说明您的口令已经起效了。

狗宝贝和孩子们

尤其是小孩子，刚开始就要让他们明白狗宝宝也需要休息和安静，它们不是任搓任揉、不知疲倦的毛绒玩具。

不要让孩子们单独和狗狗玩耍，他们在一起容易场面失控，因为彼此都不能很好地拿捏玩闹的分寸。孩子们有时候会被吓跑或吓得大哭大叫，而这种情景对狗宝宝而言既兴奋又刺激，会助长它小兽的野性。请您照看好孩子，在狗狗睡觉或吃饭的时候不要过去捣乱，不要让他们有机会和狗狗单独在一起。

举办亲友聚会

现在终于可以让亲友团都来认识一下新来的家庭成员了！如果您的孩子有很要好的小伙伴，也可以让小朋友跟着一起玩。

一次不要邀请太多人

需要注意的是不要一次性地请太多人过来，这会对狗狗造成一种"冲击"。请您安排妥帖，把聚会的节奏放缓，气氛温馨舒适即可。如果狗狗的性格比较内向，不要强迫它和人接触，让它安静地待在自己的小世界里。说不定一会儿它的好奇心就占据了上风，它会自己克服害羞和紧张主动从窝里走出来。狗狗和客人玩耍的时候您要守在旁边，因为不是所有人都谙熟与狗狗相处之道，尤其是狗狗和小客人一起玩的时候，请您一定要时刻留意孩子们是怎么对待狗狗的。如果小朋友们的行为有点过分了，请您赶紧把狗宝贝转移到一个相对安静的空间，因为这样也会对狗狗造成伤害。甚至如果您初步察觉狗狗已经够累了，就要赶快让它休息，这种时候狗笼就派上了用场。宝贝可以安静地待在里面，不受外界的干扰（参见第32页图片）。

第一次去看兽医

请您最好在狗狗入住之前就打听好周边有没有好兽医，如果就近可以找到宠物医院就太理想了，这样在晚上或周末出现紧急情况时也能保证为宝贝找到医生。第二周或第三周快结束的时候要去医院"报到"，这时狗狗已经把您的住所当成了自己的家，可以适当地拓展一下它的认知范围。您最好事先去探个路，然后揣一把它爱吃的点心，一切就没有问题了。宝贝可以认识门诊的医生们，也可以在诊疗台上待一会儿，这时候医生需要给它一些饼干作为听话的奖励，并温柔地抚摸它。

第一次出门

这一周的计划中包含第一次带狗狗出门，看看"外面的大千世界"。请您带上宝贝最爱的玩具和点心，抱着它或开车载着它去一个稍微热闹点的地方。比如可以带它去一个蛋糕店或小超市，但周边环境要相对安静，不要直接带它去繁华喧闹的大街。那种熙熙攘攘、车水马龙对宝贝来说太过吵闹。请您牵着狗狗一起在门口待一会儿，您可以蹲下来和它一同观察来来往往的人群，甚至可能还会有人过来和它打招呼、摸摸它。除了观察行人，它还会听到从未接触过的各种声响。

观察狗狗

狗狗在新的环境中表现如何呢？如果它流露出高兴和好奇的情绪就表明一切进展正常，但如果它有些害羞或拘束，那就离门口处远一点，直到狗狗不再紧张为止。如果狗狗放松下来，拿出玩具陪它玩一会儿，或者拿出一块饼干丢在地上逗它。

学习时间表

第 2 周训练主题

听口令大小便
认识陌生人
第一次看兽医
带宝贝出门见世面
听口令结束训练

训练活动	训练频率
听口令坐下	每天 5~10 次
延长"看这儿"的时间：保持目光接触	每天 5~10 次
身体检查训练	每周多次
套上和拿下绳子	随时，如果必须的话
教导狗狗不要拉拽	每天
散步促进感情	每天 1 次
一喊即到的强化训练	每天数次
训练趴下	每天 5~10 次

如果狗狗的状态从一开始就很自在，您也可以陪它玩一会儿。出门大概有十到十五分钟就可以回家了，这个星期需要带它出门两三次。

听口令结束训练

宝贝需要了解，结束训练的主动权在您这里。如果新的训练已经开始，意味着刚才的训练自动结束了。如果在"坐下"之后训练"趴下"，那"趴下"练习的开始意味着"坐下"的训练已经结束。但是如果一项训练结束之后没有开始新的练习，请您给出一个额外的信号表明结束训练。

声音信号：许多不同的信号都可以表示结束训练，比如说"跑"或"自由了"。这并不是说按照字面意思现在您的狗狗必须跑起来或您要把颈圈解开，只不过代表目前的训练活动完毕，而狗狗在结束练习之后是行走坐卧还是到处撒欢都没有关系。

训练步骤：让我们以坐下为例。狗狗圆满地完成了坐下的动作练习并得到了奖励，与此同时您就要说出结束信号，为了表示强调可以加上相应的肢体动作。

请注意：请您务必记住自己设定的结束信号，不然狗狗怎么知道要练习多久训练才能结束呢？长此以往它就会自己停止练习，不再听从您的指示。出现这样的情况容易给人造成一种误解，认为狗狗难以驯服，而其实责任不在狗狗，是人的训练方法不当所致。

听口令坐下

您已经带着狗狗做了几天的"坐下"练习，每次狗狗做出坐下的动作时都用一种平缓有力的音调说一声"坐下"作为口令。经过这段时间的训练，狗狗已经可以将您的声音信号和自己的动作关联起来，现在我们要练习的是让狗狗听到您的口令时就做出这个动作。

训练步骤：从现在起，您自己选定任意一个时间，

笼子为狗狗提供了一个可以躲避外界喧哗的空间，它可以在里面相对安静的氛围里放松自己

喊一声"坐下",在狗狗做动作之前把点心举过它的头顶。这种练习多次奏效之后,就不要在它坐下后马上给它奖励了,而要等它原地不动几秒之后才给它,这样一来它会慢慢学着坐久一点。每次它结束坐着的状态要站起来时,请您发出结束训练的信号,表示训练告一段落。

延长"看这儿"的时间:保持目光接触

这项练习也可以现在做了,训练时要保证不被外界干扰,比如说房间内不要有别人。

训练步骤: 当您说"看这儿"时,您的宝贝是否可以信任地看向您呢?如果几天的训练已经成效显著,那就可以拓宽练习了。狗狗听口令看过来以后,请您停留几秒再给它奖励。

请注意: 需要特别注意的一点是不要把延时的练习速度提得太快,也不要把时间延长幅度定得太大。最理想的状况是狗狗可以与您保持一段时间的目光接触,然后得到它的奖励。那些性情安静、温顺黏人的宝贝在这项训练中比自主性强、活泼好动型的狗狗更能轻松胜任。

身体检查训练

无论何时何地,狗狗必须不能抵触您抱它、碰它之类的身体接触,需要的时候您可以顺利地检查它的身体而不会让它感觉不适,对兽医来讲训练好这一点也是非常有帮助的。

想象一下这个场景,如果您的狗狗耳部不适,但它不适应您碰触它的耳朵会发生什么样的事情。如果兽医需要在场治疗,那对双方都是一种压力——无论是狗狗还是医生。

如果孩子们在和狗狗一起玩,请您一直在旁边看护,以防孩子们掌握不好分寸

第一次出门应去一个相对安静的场所,让狗狗慢慢地适应外面的世界

训练步骤：练习为狗狗检查身体最好是先趁它有点疲惫的时候，这样让它保持不动比较容易。可以在玩耍或散步之后您和它一起在地毯上休息的时候试一下，这种时候狗狗比较愿意和人互动。

▶ 请您先抓住它的耳朵检查一下它的外耳道。

▶ 请控制好狗狗的牙不要乱动，将它的上唇向后或向上掰一下，以便清楚地看到它的牙齿。也可以用两只手控制住它的上下颚，然后分别用力，打开它的嘴巴。

▶ 它的爪子也要查看一下，有时候会出现尖刺或碎片扎进爪子的意外情况，需要医生把这些异物取出来。

▶ 请您检查它爪子中心的小肉垫和脚趾间的缝隙。这个过程中可以来回抚摸它，让它仰面躺倒，这样更便于您检查它的爪子，也可以轻挠它的腹部。

 提示板

狗狗需要多少运动

您的狗狗现在还是个小宝宝，它平时的运动量已经足够了，不需要再带它出去一起遛弯散步，而且过多的活动会对狗狗的关节和韧带造成损伤。为了培养感情偶尔出去走几分钟对它来说活动量已经足够了。值得注意的是，与上面的例子相反，狗狗在与人或同类小伙伴们玩耍的时候会增强身体机能，组织和肌肉都会得到锻炼。如果它想从您的掌控中挣脱，请您保持镇静，继续努力不放弃。

▶ 现在还缺一项对眼睛的检查。请您掀开它的眼睑，露出眼结膜，这样如果需要的时候可以保证能够顺利地给狗狗滴眼药水。

▶ 狗狗很可能会有受到虱子蚊虫叮咬的苦恼，也可能有其他的情况导致皮肤受伤，因此让它适应被人抓住一部分皮毛的感觉也是必要的。请您时不时地揪住它的一块皮毛，这样时间一长它就会习惯成自然了。

身体检查的口令

请您直接用需要"检查"的身体部位的名词作为口令即可，比如"耳朵""眼睛""爪子"等。

请注意：您的音调和肢体语言都要平稳有力，您肯定也希望在抓狗狗检查的时候它可以放松和平静。

在狗狗情绪平静下来后再停止训练，正如上文所言，狗狗会从成功的经历中学习经验。在进行检查的过程中，请您不要责备它，避免流露出任何焦躁不安的情绪，因为这些都会刺激狗狗的神经，使它变得紧张惶恐，心绪不宁。

您不需要每次都练习完整套身体检查，您可以每次只检查一项，比如只检查"耳朵""眼睛""爪子"或其他，可以参考它今天的活动日程再做选择。

套上和拿下绳子

现在是时候训练您的狗狗熟悉套上和拿下绳子的流程了。

训练步骤：如果狗狗听到"坐下"的口令时都能够圆满地完成动作，那么每次给它套上绳子时就可以使用口令让狗狗先坐下。当然拿下绳子的时候也是如此，但是这时还有另外一个重要的口令也会派上用场——"看这儿",如果您的狗狗按照29页的训练步骤已经可以顺利执行这个口令,我们在为它拿下绳子时也要喊"看这儿"。您要让它先坐下,然后拿下它的绳子。为了避免刚开始时中间会出什么岔子,请您抓牢它的颈圈。处理好之后喊一声"看这儿",趁着狗狗和您目光接触的时候松开您的掌控,发出结束训练的信号,放狗狗离开。这时候的奖励并不是美味的点心,而是放它跑开这个结果,自由的奔跑永远是狗狗非常喜欢的。

请注意:请您务必在和狗狗目光接触的时候,而不是在它早已经转移目光以后,发出结束训练的信号。这需要一些练习,您已经了解,狗狗会通过成功学习经验。如果它看到了一起玩耍的小伙伴,开始拉拽绳子,而您给它把绳子解开了,那它以后可能会经常这样做;但如果您不纵容它,它就会知道要听从您的指示才会有结果,这样的认识对培养狗狗的礼仪非常有帮助,对您和它的交流也十分重要。

给它动力,而不是压力

那些始终在关爱和鼓励下成长的狗狗视野会不断拓宽,会变得更加自信强大,能够处理和应对某些意外情况,在面对陌生的情景时也会保持从容淡定。总之,关爱会让狗狗健康、理智、冷静地成长。不要给狗狗负面的压力,也不要给它"泼冷水"。请您关注狗狗接触到不同事物时的反应和应对不同环境的状态,根据这些判断狗狗的性格特征。

只有狗狗抬起头看向您时,才能给它拿下绳子放它离开

如何训练小狗

步骤 1 不能让狗狗通过拉拽绳子达到目的

步骤 2 不要说话，停下不动

教导狗狗不要拉拽绳子

我们现在进行到了一个十分重要的主题。许多养狗的人都会碰到这样一个问题，狗狗们总是要拽着绳子到处跑，有时候是因为闻到某种气味，有时候是因为遇到了同类的小伙伴或认识的人，有时候简直就是没有理由地一定要挣着往前走。出现这个问题的原因多种多样，而您要在它幼年时期就将这样的毛病消灭在萌芽状态，狗绳的长度有限，导致狗狗的活动范围也相应受限，它早晚会开始通过拽绳子表示反抗。请您牢记，成功的经验会告诉狗狗以后可以这么做。如果它拽着绳子，而您也被动地跟着它走，那它就知道以后可以拽着绳子去自己想去的地方。甚至在它看来，即使您站在原地没有被它一起拽着走，只要您的胳膊往前伸或者把绳子放长一点，都会被它归为拽绳子的功劳。

不要让狗狗拽着绳子拖着您走。如果您必须从A地前往B地，请您把它抱起来或者乘车，再不然干脆把它放在家里交给其他人照顾，不要让它随行了。

训练步骤： 请您有目的性地训练狗狗"不拉不拽"。请您牵着狗狗一起出门，最好牵它去宽阔的河滩草地，视野范围内没有什么吸引它的东西。如果它开始拉拽绳子，一定要站着不动。不要试图牵着绳子把狗狗拽回来，您只需要安静地站着就好。什么都不要说，因为说什么都没有用，狗狗自己会慢慢知道就算继续耍赖也是徒劳，您只需要站在那里不动，等到它自己明白这一点。也许它会先坐下来，然后再往回退几步，或者直接转身向着您走回来，这时候您可以继续往前走。前进的过程中您最好走两步就停一下，看绳子是否处在松弛状态，也就是说确认一下狗狗是否跟上了您的步伐。如果绳子绷得很紧，就请您等它一下。您要了解自家狗狗的性格，保持良好的耐心。如果它一再拉拽都不能取得成效，它自己会慢慢放弃这种做法。

第五章　第 2 周训练计划

步骤 3　等到绳子松下来

步骤 4　这时再继续前进

拓展训练： 如果有一个具体的目标，训练就会变得生动有趣。请您把五六块狗粮放在狗宝贝的食盆里或藏在几棵矮草中，大概要离它 7 米远，一定让狗狗能够看到食物。现在牵着它往那个方向走过去，说不定狗狗很快就能发现目标，您可能刚抬脚就得站着不动了。

请您耐心地等待狗狗回心转意，等您最后走到食物跟前的时候也许已经过了很长时间了。请注意，您越走近食物，越要留心绳子的松紧程度，就算距离食盆只有 10 厘米，如果需要也要按规矩停下来，注意您的行走速度，保证在最后一段路程中绳子始终处在放松状态，直到您牵着狗狗到达"目标"所在处。如果想达到完美的训练效果，掌控好节奏非常重要。

请注意： 在以后的生活中也不要给狗狗任何通过拉拽绳子实现愿望的机会，这需要您始终如一地坚持，只有这样才能杜绝狗狗养成任性的坏习惯。也就是说，不论狗狗闻到什么味道、碰到什么人或同类伙伴，都不能拽着绳子拖着您（或其他牵着它的任何人）乱跑。尤其在参加小狗协会的活动时，请您格外留心，刚开始小家伙可能会使劲地拉扯，想跟其他狗狗们聚在一起。但是请您放心，如果您坚持立场不放松，它很快就会冷静下来，中间您甚至都不需要跟它说什么话。

如果有其他人愿意放任自己的狗狗来找您的宝贝，请您明确地告诉狗狗的主人这违背了您的准则。当然您要解释清楚缘由，如果可以请尽量采用委婉的表达。狗狗拉扯绳子到什么程度会使您感到困扰是一个因人而异的问题，因为这以您自己的感觉为标准，和狗狗本身的型号、体重没有关系，无论小巧还是庞大的宝贝都会有同样的问题，给您造成的麻烦并不会因为它的体型而有所不同。

通过散步促进感情联系

这一段时间您和狗狗亲昵相处，一起玩耍，喂它吃饭，共同度过了初始的训练阶段。狗狗已经对您建立了信任和依赖感，这是我们从这周开始带狗狗一起散步的情感基础。这项活动的意义在于，通过散步让狗狗自发地学会时刻跟在您的身边，避免出现您带它出门时要经常停下来找它的情况，因为没训好的话它总是到处乱跑，一会儿就不见了，而婴幼期正是对狗狗进行此项练习的最理想时机。狗狗是一种群居动物，小家伙的本能会告诉它不能离"群体"太远，单独行动是非常危险的。我们这周所要利用的正是狗狗的这种追随本能。

训练步骤：最好是由一个主要负责训练的人单独带狗狗出门散步，如果必须两人一起，请保持统一行动，不要分开。

- ▶ 带狗狗出门到绿色的大自然里去，找一块陌生的地方。比起熟悉的地方，不认识的地方它不敢掉以轻心，会跟得更紧。
- ▶ 这片区域必须距离您的住宅够远，这样它不可能跑得回去。不要选在就近的街道，最好是一块僻静的地方，既没有行人也没有其他狗狗过来。
- ▶ 到了之后把狗狗放下来，如果它身上带着绳子，就把绳子解开拿下来。
- ▶ 请您自己先走着，如果过了一段时间狗狗仍然没有发现您已经走远，那就发出一些声音让它注意到这个事实，等它看到您以后再继续走。
- ▶ 请您控制好步速，不要走得太快，让狗狗疲于奔跑；也不要走得太慢，使它不能意识到事情的急迫性。
- ▶ 请您观察狗狗接下来的行为。它是否一直紧跟在您后面呢？如果这样就太好了。接下来请您随意地更换方向，走个十字或者斜着走几步，事先不要发出任何预告的信号。
- ▶ 宝贝是跑到前面去了还是拐弯了呢？当它开始想要超越您的时候就变换方向，让它知道，超越主人是不应该的。
- ▶ 不要停下来，除非狗狗有"情况"必须"解决"的时候，可以暂停一会儿。只要它方便完毕，马上继续。

有些狗狗刚开始时就能紧紧地跟着主人的脚步；有的较为独立，但经过规律性的练习后很快就能学会紧跟在主人身后。您是否会担心狗狗跑丢呢？社会化阶段成长顺利的狗狗不会出现这种情况。如果您还是感觉不放心的话，在它的颈圈上系上一条1.5~2米的细绳子，狗狗跑起来的时候绳子就在地上拖着，万一需要的话您可以想办法抓住绳子。

这个年纪的小宝贝散步只要5~7分钟就可以了。练习结束后请您把它抱回家或者开车载回家。如果可以的话，最好每天都能进行一次散步，每两三天带它去一块开放的地方，比如说铺满小草的河滩，草不要太高，这样狗狗的视线不受任何阻挡，可以顺利地跟着您的路线。如果已经进行了一些练习，可以把它带到稍微有些阻隔的地方，比如一片树林或者长满灌木的原野，继续进一步的训练。

重点强调：这种散步练习必须始终在狗狗不熟悉的地方进行。训练时间并不长，所以每次练习也占不了太大地方。这样您可以在某个大的区域划片练习，每次都排除掉以前用过的小区域。如果中间隔了许多天，也更换过好几个地方，去曾经用过的某个区域进行练习也没问题。

第五章 第 2 周训练计划

步骤 1　请您大步流星往前走,狗狗也会跟着您走

步骤 2　狗狗开始超越您

步骤 3　您转个身继续往前走

步骤 4　狗狗也转变方向,重新跟上您的脚步

如何训练小狗

一喊即到的强化训练

这段时间您一直努力地训练狗狗，现在每到吃饭时听到您的呼喊或哨音它肯定能像闪电般飞到您的身旁。现在我们把训练拓展一下，排除外界打扰始终是必要的环境条件，这样我们可以保证训练过程中学习的只是我们想要的内容。孩子们上学以后是一个较理想的训练时间。

训练步骤：这周只在房间内练习，保证狗狗在训练时精神集中在训练内容上。现在的训练与之前有所不同，我们不再把喊它过来和吃饭联系起来，而是要脱离喂食进行训练。为了保证训练不受时间限制，请您随时都在裤子口袋里放上狗狗爱吃的奖品点心。比如说您在某个任意的时间吹响了口哨，要保证它过来之后就有奖励。

▶ 狗狗在离您几米远的地方，或许在玩一个玩具，或许在那里打盹、发呆，现在就是训练的时候了！请您选择一个合适的站立地点，可以保证狗狗在听到您呼喊或吹响口哨时，无论在房间的哪一个角落都能无障碍地跑到您的身边。至于这个过程您要如何进行，需要根据您对狗狗的了解和评估决定。

▶ 您的狗狗是否一听到"这里"的口令就能迅速放下现在做的事情飞奔过来呢？如果不是的话，您需要先弄出点动静吸引它的注意力，等它看到您所在的位置后再喊一声"这里"。如果它能反应迅速地执行口令，您就不需要再多此一举了。

▶ 请您像往常一样蹲下来，等到狗狗跑到您的眼前再把奖励给它，同时抓住它的颈圈，然后发出训练结束的信号。

步骤 1 狗狗看向您

▶ 如果上述步骤执行顺利的话，请您在房间里有其他与训练无关的人在场时也进行此项练习，比如说有孩子在屋里写作业时，或有人坐在窗户前面时，这种程度的干扰算是较轻的。

重点强调：狗狗听到呼唤来到您身边是一件让人欢欣鼓舞的事，请您体会这种喜悦的心情，同时也在它过来的时候给它最爱的奖励。训练要在它感到略微有些饥饿的时候进行，最好是饭前而不是饭后。在训练时给狗狗的美味奖励只供应平时练习，吃饭时就不要再出现在食盆里了。

拓展训练之家庭训练模式：如果您家里有爱人或年纪大点的孩子，也可以两个人一起训练"这里"。一个人抓住狗狗的颈圈，另一个跑到距离几米远的地方，蹲下

第五章 第2周训练计划

步骤2 您发出信号,狗狗走过来

步骤3 在它享用奖励的时候,抓住它的颈圈

来呼唤狗狗。如果您想调动它过来的积极性,在它跑来的过程中用美味的奖励作为引导,只在它鼻子前面晃动即可,不要让它真的吃到。这样您走得越快,离它越远,它跑过来的意愿就会越加强烈,跑过来时也会更高兴。请注意训练中不同的训练者使用的信号必须保持一致。

请注意:您在呼喊狗狗过来的时候,要保证它能看见您和您所在的位置,它会以最近的直线距离跑过来的。最开始的时候,距离调整在三四米左右就可以了。如果短距离的训练没有任何问题,可以调节到更远的距离,只要在屋子里能够看得到就可以。请您在训练的时候注意语音语调和肢体语言。"这里"听起来要带有一定的鼓动性,让狗狗产生一定要过来的动力。如果看它跑过来,您就同时往后退,它会跑得更快。不要在它还没到您身边的时候就抓住它的颈圈,这样狗狗会觉得很不舒服,也会有种认为自己受到强迫的感觉。这样做导致的后果就是,狗狗可能会不想过来或速度明显变慢,这恰恰与您的初衷背道而驰。所以请您不要抓它,它会自己过来的。还有一点需要注意,就算您在房间里训练"这里"的口令时已经可以进行得非常顺利且熟练,也绝对不要带它出去练习。即使您很想尝试也不行,还不到时候。如果它在外面被其他什么东西转移了注意力,在听到"这里"的口令时没有快速地跑到您的身边,有过几次这样的经验以后,这个口令就失去了效力,您要知道狗狗这时候的训练都是以后的长期记忆,万不可随便尝试,掉以轻心。

如何训练小狗

步骤1　美味近在眼前

步骤2　……慢慢往下移动

"趴下"训练

现在您的狗狗练习"坐下"的口令已经颇为熟练了吧,是时候让它学习"趴下"了,做这个动作时不仅要后半个身体着地,前半身也要一起卧倒。

训练步骤:您手里拿着奖励用的点心,蹲下。先让狗狗坐下来,现在不要给它点心,而是放在它鼻子前面,用这个来诱导它完成趴下的动作;您慢慢把点心往下放,吸引它也跟着放低身体,直到伏在地上成直线平卧的姿势,如果需要的话让它略向前伸展身体。训练时请您把点心倒扣在手心里,狗狗会通过头颈的移动跟随您的动作,如果它想舒舒服服地够到吃的,就要按照您暗示的动作要求趴下来。一旦它已经平卧下来,腿肘和身体都落在了地面上,请您用另外一只手缓慢地抚摸它的脊背,同时用平和有力的声调喊几遍"趴下",这时再给它点心作为奖励。大多数情况下狗狗都会趴着把奖励吃完,在它自己站起来之前,请您发出"坐下"的口令,然后宣布训练结束。这时的"坐下"起到一种"控制"或收势的作用。以后您会看到这种练习带来的效果:您可以让狗狗趴下然后在它不注意时自己走开,如果这时狗狗的注意力受到强烈的干扰,它会先坐起来而不是马上离开原地。

练习的时候,宝贝很可能会用鼻子拱着您的手心要吃的。经过几天的训练后,狗狗会自觉自愿地主动做趴下的动作。这时不要马上打开手给它奖励,要等它不再急着要吃的——也许是听到或看到其他什么东西转移了一下注意力的时候,再打开手掌把渴望已久的美味给它。

备用措施:如果狗狗不愿意趴下来,请您拿着点心在狗狗身旁转一圈,然后缓缓向下移动,如果这时候狗狗的头部也随之转动,它很快就会学着趴下。

步骤 3 或者在一边往下移动

步骤 4 趴下以后给予奖励

如果您平时热爱运动还可以使用这样的技巧：您先蹲下来，一条腿微曲前伸，把点心放在腿下面引诱狗狗，这样如果它想吃到点心就必须做出趴下的动作。

如果狗狗自发地做出了趴下的动作，您可以利用这样的机会进行巩固训练：您要安静地走到它跟前蹲下来，温柔地抚摸它的背部，同时说几遍"趴下"。千万不要疏忽，这种场合最后也要发出结束训练的信号。

请注意：请您在狗狗感到疲惫时抓住时机练习这个动作，这种时候让它趴下简直是正中下怀。除此之外，地板也是一个重要因素，这时候的小狗腹部仍然是近乎光裸的，因此对于大部分的宝贝来讲，冰凉潮湿的地面是极不舒服的。如果是在外面，请您在温度适宜、晴朗干燥的天气训练，在房间里比较好布置，天气也构不成什么问题。

请您保持动作和声音平缓安定，您一定也想让您的宝贝在做出趴下这个动作时是温文平和的姿态，而它的行为是从您的语音语调和肢体语言中学习的。请您像发出其他口令时那样保持声音平缓有力，不要拖泥带水，比如"来，过来趴一下"。

趴下之后狗狗如果自己坐起来，不要给它任何奖励，因为大部分狗狗都非常想在本来应该做出"坐下"动作之前就迫不及待地坐起来。如果您再给它奖励的话，会使它变得更为急躁。

重点强调：请您务必把奖励沿着前伸的直线向下移动，方向不能有偏斜，如果出现后面的情况，狗狗一定会站起来追逐您手中的食物，这就成了追着抢吃的，训练方向就完全偏了，因为狗狗需要学会的是在您指定的地点做出趴下的动作。

第六章　第3周训练计划

随着一天天的相处,宝贝现在肯定已经成为您的爱宠了。小家伙的学习速度如此之快,难道不曾让您感到惊讶吗?如果您一直留心观察宝贝是以怎样的好奇心来慢慢发现和了解这个世界,又怎样乐于尝试新事物,您会觉得新鲜而振奋。这一周它会继续丰富自己的经历,当然也会学习新东西。

愉快地玩耍

宝贝的娱乐活动和性格有一定的联系,和您陪它一起玩的内容也有关。您可以静静地,也可以活泼地,甚至有些"狂野"地陪它玩耍,拿不拿玩具都可以。刚开始要让狗狗学会管好自己的牙齿,玩耍的时候不要对人造成伤害。

无玩具时

如果狗狗上周表现得有些粗鲁,希望您已经通过中断游戏或不理不睬的方式让它意识到了自己的问题。如果仍然没有改善的话,请您用愤怒的语气喊一声"啊",中断游戏,然后走出房间。关上房门,让狗狗待在里面"思过"两分钟,或者您不发一言地把它关到自己的小房子里去(参见第24页)。有时候您玩着玩着也会忘形,请您及时注意纠正自己的态度。有些狗狗必须要人明令禁止,在阻止它时表达得更清楚些,才会理解自己做错了。请您轻轻推它一下,发出一声疼痛的叫声,或者呻吟着走开,这样它会停止玩闹,同时也不会被您的反应吓到,相关内容也可参见第52页。

有玩具时

请您来回挥动一根狗咬绳,这会激起狗狗玩耍的兴趣。把狗咬绳猛地拿起来,在它眼前晃晃,用声音挑逗它加入游戏。如果您的狗狗属于偏安静型,可以让它快点咬到绳子,胜利者的成就感会使它兴致高昂;如果狗狗本来就活泼好动,可以多引逗它一会儿,得手太快的话游戏就会变得乏味。狗狗成功地咬住绳子的一端以后,您和它之间会有一场小小的"争夺战",但是过程中要注意把握分寸——不要激起狗狗狂野的兽性。如果您的狗狗坚决不愿松口,就不要直接争夺了,就算您陪它玩耍的时候态度和方式一直都比较温和,一旦它激发了狗狗的胜负心,请您也不要再"恋战"。但是不论怎样,您要想办法确保最后能拿到绳子(参见第49页松口训练)。

不同的狗狗喜好的玩具也不尽相同,球类或其他玩具也可能是宝贝们的最爱。您的狗狗喜欢玩什么呢?拿出它爱玩的东西,露出玩具的一角,就可以吸引它过来一起玩了。

重点强调:玩耍的时候要保证您和狗狗共同参与游戏,这种互动会增强玩耍的乐趣,也会促进您和宝贝的感情联系。

其他游戏事项

您和狗狗一起玩耍时不要等到它已经意兴阑珊再结束游戏,而要在它还兴致高昂时见好就收,这样游戏活动才会对它始终具有吸引力。

玩具的数量

如果狗狗的小窝里一直堆满了玩具，所有东西都变得唾手可得，狗狗很快就会觉得这些东西无聊透顶。因此，在它的小窝里放上一两样可供它独自玩耍的玩具就够了。如果狗狗特别钟爱某个玩具，可以把它作为完成任务时的诱饵，在奖励它玩一会儿之后赶紧收走，保持玩具的魅力和与您玩耍时的新鲜感。这样做一方面可以促进您和它之间的联系和互动，另一方面可以在出门在外的时候起到适时转移注意力的作用，比如您带它路过一片草地，听到几声鸡的啼叫，狗狗天性爱撵鸡，这时候拿出它最爱的玩具简直有救场的效果。

出门去咖啡馆

这周的培养计划包含带它出门去咖啡馆或啤酒馆等场所一项。狗狗会认识一种新环境，并学会适应您日常生活中的另外一个部分。

训练步骤：在按计划启程之前，请您和狗狗一起玩耍一会儿，或者在附近散散步（参见38页）联络一下感情，这种悠闲欢乐的活动会使它的情绪变得放松。出门之前务必带它解决好方便的问题，在包里放上一根狗咬棒和一个喝水的小碗，还有狗狗平时睡觉用的靠垫，狗狗看到垫子就会想到要休息。好了，现在终于万事俱备，出发！

▶ 到了地方之后，请您找一块相对安静的地方坐下。

▶ 把狗狗放在您身边，桌子下面或旁边都可以。

▶ 把狗绳系在桌子或椅子腿上，保证狗狗有一块安全的活动区域，也可以防止它到处乱跑，把它的小床安置在活动范围的中央，狗咬棒放在边角处。

▶ 不管狗狗发出呜呜的抱怨还是做出拉拽绳子的行为，

学习时间表

第3周训练主题

愉快地玩耍

训练活动	训练频率
咖啡店/啤酒馆之行，朋友聚会等	每周2~3次
熟悉生活中的人造材料	每周数次
训练狗狗单独活动	每周数次
变换"坐下"的奖励方式	每天数次
训练狗狗不乱扑人	情况需要时
训练松口	每天2~3次
训练步行跟随	每天数次
教导狗狗不要拉拽	情况需要时

都不要去注意它，要让狗狗在没人照顾的时候学着自己适应新环境，它会自己回到垫子上趴好。

请注意：不要使用"趴下"的信号，因为狗狗不可能在这段时间内都一直按口令维持这个动作，而且如果使用口令的话，您需要始终留意它是否一直遵守口令的规定动作。

日常生活中的人造材料

在我们的生活环境中会出现一些对狗狗而言陌生的人工材料，比如说平滑的PVC塑胶地板、复合材料的楼梯等。很多东西会使狗狗感到害怕，请让它慢慢熟悉和适应这些东西的存在，直到它可以习惯到熟视无睹为止。

训练方法：您家里有复合材料的板材吗？请您把它放在楼梯较矮的台阶或阳台上。拿一块点心放在狗狗鼻子前引诱它爬过去，如果它真的跟着完成动作，在它站在板子上的时候（这个时机非常重要！）把奖励发给它。如果狗狗迟疑不决，请您不断地在它鼻子前晃动美味的诱饵，至少要激励它勇敢地把腿抬起来踏上板子，放上去的时候可以给它奖励，这样再有第二块诱饵就可以使它迈开步伐了。如果还是不能激发它足够的勇气，请您在它非常饥饿，对您的诱惑完全无力拒绝的时候再尝试。

拓展训练：请您用平时生活中的东西作为训练器材，比如木质地板或复合材料的楼梯，先给狗狗展示一下这两种不同的材料。为了让它尽快熟悉并增强勇气，请您在开始时抱着它在楼梯上来回跑动，每次只让它自己爬两三级楼梯就可以了。爬楼梯的过程也是它慢慢学会协调四肢的过程。

重点强调：请您不要用强迫的手段。如果您生拉硬拽地把恐慌中的狗狗牵到训练器材上，它对那种材料的恐惧不会减少，只会更多。

训练狗狗单独活动

每个狗狗都要学会自己单独活动几个小时，请你按部就班循序渐进地对它进行训练。

训练步骤：首先要让狗狗学会在房间里和您保持一定的距离，请最好在只有您自己单独在家的时候进行训练。请您自己去浴室或地下室，不要带狗狗一起，或者

咬衣服或咬手都是禁忌，不要随便乱咬是大部分狗狗开始就要学习的必修课

您把它放进小窝里然后去房间的另一角，甚至直接走出这个房间。如果它开始叫唤或呻吟，随它去不要管。等它重新平静下来以后再过去看它，否则它就会觉得撒娇耍赖对您是有效果的。如果狗狗初步适应了这种偶尔需要自己待着的生活节奏，请您在每次去浴室、地下室或把它放进狗笼子的时候，都说一句"等着"。经过一段时间的熟悉和训练，您可以扩大一下练习的范围，比如出去倒垃圾然后在外面逗留几分钟。离开家的时候也请您只说一声"等着"，不要再添加其他的"告别仪式"，回来的时候最多也就简短地招呼一声。长此以往，单独活动就成了狗狗稀松平常的日程。如果它逐渐适应了这种节奏，请试着延长狗狗每次单独自处的时间，进展程度根据自家狗狗的脾气秉性自行决定。有的狗狗即使您长时间不在家也没问题，有的就相对敏感一些。

变换"坐下"的奖励方式

您的狗狗想必已经熟练掌握"坐下"这个动作，您也已经延长了动作的持续时间，现在需要变换一下奖励方式了。

训练步骤： 我们要训练宝贝在主人手中没有饼干时也要听从口令，所以从训练一开始您就不要拿点心来诱惑它。现在请您像往常一样把手放在它头顶喊一声"坐下"。这时候另一只手背在身后，握着给它的美味奖品。如果它一如既往认真地执行了口令，坐下来并保持姿势不乱动，再把奖励发给它。请您时不时地变化它保持坐姿的时间，这一次长一点，下一次短一点，并当在花园里活动时和走在路上时经常练习。

在狗狗的认知中，垫子是休息的地方，绳子界定它的活动范围。这样它会学会自己安静地待着，自己和自己玩

如果狗狗自己不敢走在簌簌作响的金属箔片上，请您用好吃的点心作为诱饵吸引它朝前走

步骤 1　狗狗想要吸引您的注意力

步骤 2　但它并没有取得成功

训练狗狗不乱扑人

如果现在宝贝跳起来扑向我们，想想应该是一件十分好玩的事，但是如果他们长成20公斤或更重的大家伙以后还是喜欢举着脏乎乎的爪子这么"搞笑"的话，您可能就招架不住了。所以您最好还是从娃娃时期就训练它以后不要做出这样的动作。

训练步骤：请您回忆一下第一章中我们提到过的内容——行为方式：如果狗狗的某种行为不能收到预想的成果，它慢慢就会停止这么做。狗狗跳起并扑过来是希望得到您的注意，这时请您180度大转身，不要理睬它。如果它继续跑到您面前再次跳起来，转身走开；如果它在您身后扑腾，保持站立不动即可。总有一刻，它会停止动作坐下来。请您坚持等到这个时候，然后以一种平静的姿态转过身来。

拓展训练：您也可以用旁敲侧击、间接渗透的方式点拨它。如果狗狗性情温和，并且能够熟练掌握"坐下"的动作，请您在它跃跃欲试想要跳起来时对它说"坐下"，然后发给它奖励以示表扬。通过这样抑扬结合的方式可以间接地让狗狗知道哪些举动是受到鼓励的，哪些是不合时宜的。

请注意：不能让狗狗跳起来的行为得到任何人的认同，只有这样它才会慢慢放弃这种行为方式，因此所有家庭成员都有义务坚持原则不放松。

如果有客人要来访，请您提前告知他不能纵容狗狗放肆胡闹，或者您牵好绳子，避免狗狗"人来疯"，在路上偶遇某人时也可以使用这种战略。不要让狗狗朝着别人蹦蹦跳跳，把它抱回来，给它套上绳子，但是不要使用"这里"的口令。请您逗逗它，吸引它的注意力，然后从它身边迅速跑开，它自然会追随您的脚步。

训练松口

狗狗经常会叼一些乱七八糟的东西放在嘴里,越是不许乱碰的东西它越是会感到好奇,甚至有时候还会出现咬住玩具死活不放的情况。

声音信号:您可以使用譬如"放开"之类的信号。请您注意无论语音语调还是肢体动作都不要带有威慑的语气或感觉,这并不是要吓唬或禁止它做什么事。

训练步骤:请您使用"利益交换"的方法让狗狗学着松口,这种方式轻松且有效。除此之外,这个过程还能让它体会到,配合您行动的做法是正确的、值得的。这个交换的过程可能需要耗费一些时间,但不管怎样,最后一定要把它嘴里不该含着的东西取出来。比如狗狗如果不愿意交出嘴里的玩具,兀自挣扎时,请您拿出一块它最爱的饼干,放在狗狗的鼻子前端,在它吐出玩具的时候抓住时机喊一声"放开"。

拓展训练:如果您的狗狗嘴里衔着您的手机、死青蛙或者其他什么"违禁"物品,请您耐心友好地走到它面前,用饼干或其他吃的作为诱饵,把它嘴里的东西换下来。如果经过几次练习以后它已经理解了"放开"这句口令的意思,请您继续尝试远距离的训练,这时它会吐出嘴里的东西,跑过来索取它的饼干。如果它嘴里含着的是死青蛙,这套方案绝对会奏效,如果是手机的话,可能效果要弱一点。

重点强调:不要在狗狗做出其他违禁的行为时对它喊"放开",如果您觉得放开的口令不合心意,也可以使用别的声音信号作为使它松口的口令,比如"谢谢"便是一个很好的选择。

步骤1 饼干诱惑配合信号口令

步骤2 成功诱使狗狗松口

如何训练小狗

训练步行跟随

要让狗狗学会在不紧勒绳子的情况下自觉地跟随您的左右,这样以后才能放心地带它一起出入公开场合。

声音信号: 通常的信号是"这边走"或者"走这边",当然您也可以搭配使用"左边""右边"等方向性词语,这样做也便于您以后训练它掌握方向。

训练步骤: 请您先考虑一下,您希望带狗狗沿着左边还是右边走,其实无论您怎么选择都没有问题,但一旦选定一边,以后带狗狗出门进行这项练习的人也都要统一遵守,否则狗狗就不能把口令和行动联系起来。现在开始训练,按照惯例,请您找一个没有外界干扰的环境。我们假定您喜欢在走路时让狗狗跟在左边。

▶ 为了进行此项练习,狗狗需要事先套好绳子。请您用右手牵住绳子,保持松垂有度,左手握一块饼干,剩下的放在左边的外套或裤子口袋里。

▶ 用饼干作为诱饵吸引狗狗前行,在它满眼都是美食的时候开始练习。这个过程中请您注意左手的位置,要保持水平方向在狗狗鼻子前端,垂直方向在腿部正前方,也就是说要保证狗狗的前进方向正确无偏差。如果您的胳膊往前方或边上伸得太远,狗狗就会跟着吃的跑到您的前面或干脆偏离到路线一侧。这样的话,狗狗不能准确察知您的步速,也不能正确跟随您的方向,以后会造成不小的麻烦。要让狗狗集中注意力跟随您前进,在路途中允许狗狗舔咬饼干。

▶ 不要走得慢慢吞吞,放开步子大步前进,您要训练的是让狗狗跟随您的脚步。

▶ 请您适时地用话语鼓励它,但是不要一直和它说话。跟随的过程中只要不落下就可以,不一定非得让狗狗一路小跑。

步骤 1 狗狗现在是标准姿势

▶ 开始的时候您先走三四米以后停下,手中拿着饼干,微抬起手臂,向后招引它,喊一声"坐下"。这个信号狗狗是知道的,如果它顺利地完成动作,就把奖励给它。

▶ 再拿一块饼干并重复前面的流程,大概两到三遍就可以了。然后可以慢慢扩展训练时的距离长度。

▶ 如果宝贝能够顺利地完成上述步骤的训练流程,在它以正确姿势跑过来时抓住机会喊一声"这边走"。

请注意: 这个星期内当您进行此项训练时,您需要弯下腰来配合狗宝贝,当然弯腰程度要视宝贝的大小而定。您不必担心,因为这是在非常时期,以后不必一直这样做。

要让狗狗的注意力一直"黏"在饼干上,如果它的

步骤2　您可以出发了

步骤3　走几米之后给它奖励

视线转移到别处或在地面上到处乱嗅的话，它就会忘记自己本来该做的事情。在边走边舔的过程中它会觉得自己的付出得到了奖赏。绳子行走时应始终保持放松状态，因为我们要训练的是让它自发地跟着您，但也要注意不要太拖拖拉拉，以免绊倒您或把宝贝缠进去。

等到最后完成任务坐下的时候再把整块诱饵奖励给它，如果它在行走的过程中吃掉了饼干，可能就会中途停下，在地上嗅嗅或做其他的，总之它会转移注意力。如果它坐下来，仍然在您的控制范围内，这时候狗狗比较容易把注意力集中在您的身上。

教导狗狗不要拉拽

如果您的狗狗在拉拽绳子时不能得到想要的结果，它一般会跟着您一起往前走（参见第36页）。

但是平时的生活中也经常会出现必须要牵着绳子引导着才能带它一起走的情况，这时候准备一副胸带是非常有用的。这么做不是为了让它拉拽绳子时更加省力，而是要告诉它，什么时候可以拉绳子，什么时候不能拽。如果您带它走在路上，但不能时刻盯着它有没有拽绳子，那就把胸带给它戴好。如果您要告诉它不能拉拽绳子，就过去抓住它的颈圈，这样它就会知道什么时候可以拽绳子而什么时候不行。

重点强调：如果狗狗带上胸带以后大部分时间都在到处跑，您抓住胸带让它知道不能乱拖乱拽的时候很少，那它就不会知道这其中的差别，您也达不成训练的目的。

第七章　第4周训练计划

狗狗来到新家已经接近一个月了，它正在慢慢地适应和成长，不再像刚来的时候那么稚嫩生怯。它的成长不仅体现在身体发育方面，在适应环境和反应能力方面也今非昔比。您会惊讶地发现，它越来越谙熟周围的情况，能够主动融入所在的环境，并且对离它较远的事物动态也能做出快速反应。

中期总结

这周我们要做一个小小的中期总结。请您检查狗狗是否已经按计划掌握了下列内容。

▶ 能够自觉地定点大小便，夜间也能顺利地完成。
▶ 能够接受自己并不是时时刻刻都受到宠爱和关注，对此保持一颗平常心。至少当狗狗独自待在笼子里或被拴在桌子腿上时能够处之泰然。
▶ 在平时熟悉的环境中碰到陌生人或事能够保持放松平和的态度。
▶ 和人一起玩耍的时候不要乱掐乱咬，不能弄疼人的手，也不要撕破衣服。
▶ 如果它嘴巴里衔着玩具或其他物品，在您喊"放开"的口令并加以饼干诱惑时，它能够配合着吐出嘴里原来的东西。
▶ 一起出门散步时它能够以您为导向，时刻紧随在您身侧。
▶ 吃饭或其他时候如果听到呼唤，只要是在房间里就能马上跑过来。
▶ 听到"看这儿"的口令能够抬起头来看向您，保持目光接触大概10秒钟，就算有其他人在场也能不受干扰。
▶ 就算看不到美味的奖品，只是听到您的口令"坐下"时，也能圆满地完成动作并保持15秒钟不动，直到您发出训练结束的信号为止（参见32页）。
▶ 在训练者手中美食的帮助下能够顺利完成趴下的动作。
▶ 能够自发跟随您走一小段路程，期间绳子一直处在松垂状态。
▶ 在美食诱惑的帮助下能够让它跟着口令"走吧"跑一小段。

如果上述训练内容中有一项或几项不能很好地完成，请您先做好巩固强化训练，然后再以此为基础进行下面的训练。

批评狗狗

为了保证宝贝的安全，您已经把房间和地板都以狗狗的视角重新布置过了。那些不适合给狗狗看见的东西，要么提前清理好，要么用饼干交换掉。就算是这样也免不了有时百密一疏，它偶尔可能也会"做点事"出来。如果它跑去挠地毯，咬窗帘，啃凳子腿或者非要往沙发上窜，只要它的行为触犯了家庭成员制定的管理条例，就要给它"划清界限"，立立规矩。

训练步骤：正如我们前面所教授和实践的那样，语音语调和肢体语言在训练过程中发挥着至关重要的作用。您也了解到，要客观准确地衡量狗狗的性格特征，才能宽严适度，使训练获得事半功倍的效果。举个例子，如果狗狗在啃凳子腿，您可以走过去，压低嗓子发出类似"咻咻咻"的声音警告，也可以清清嗓子咳嗽两声，或直截了当地说"不行"。这时候面部表情也要跟上节奏，一定要保持严肃。狗狗会停下动作，主动跑过来向您示好，舔舔您的手，或者认识到错误以后赶快跑开。如果它只是扭头打量一下您，然后接着啃，说明您的影响力太小了，如果它吓得夹着小尾巴溜溜地跑走，说明您批评的力度略大，这两种情况都是不应该发生的。

等狗狗停下来的时候，给它奖励或陪它玩耍。有的狗狗比较执拗，语音语调和肢体语言对它都没有效果，这时候采取强硬一点的方式才有用，说一声"不行"，然后把它推到一边去。至于推多远，还是要根据宝贝的性格决定。或者您把它抱起来，给它换一个地方。您采取措施阻止它的时候，"合作型"的宝贝会停下眼下的动作。请您发声吸引它的注意力，并用威严的音调向它传达一个信息，它现在的一举一动都正处在主人的高度聚焦下，而这也的确是客观事实。还有一个方法是在训练中添加一个终止的信号，规定这个信号代表停下来，这样做在很多时候都是非常有帮助的，关于这方面的内容参见下文第70—71页。或者让它做一些其他的动作，比如"这里"或"坐下"，并给予奖励，也能分散它的注意力。

训练狗狗不能"护食"

每个狗狗都有"护食"的本能倾向，这些坏习惯要从一开始就防微杜渐。到目前为止，"一喊即到"的训练已经熟练到不必用吃食作饵了。除此之外，狗狗已经可以很好地执行"坐下"的口令并保持一段时间。现在它要学习的是，在离满满的食盆一米之遥处保持坐下的姿态，直到您发出结束训练的信号，它才可以过去大肆开吃。

训练步骤： 您准备好了宝贝的食物，满满地装在它的食盆里，把盆子端在手中。发出"坐下"的口令，然后把食盆放在地上。只要狗狗受到引诱站起身来，就请您把食盆举起来，再次重复"坐下"的指令，直到狗狗可以做到美食当前仍岿然不动时，持续考验一小会儿然后结束训练，狗狗终于可以享用美食啦。

学习时间表

第4周训练主题

中期总结

批评狗狗

训练活动	训练频率
训练狗狗不能"护食"	每次狗狗吃饭时
"进城"旅行	每周2次
在有干扰时训练"看这儿"	每天
强化"这边走"训练	每天
跨障碍拓展训练	每周3次
"趴下"的强化训练	每天1次
认识大自然的旅行	每周2～3次
在室外练习"这里"	每天
基本站位练习	每天5次
训练"别动"	周末时每天1次

如果有其他家人在，也可以尝试让助手参与训练。请您牵好绳子，喊一声"坐下"，这时候"助手"训练员帮忙把食盆放在地上。请您留意狗狗的反应，它坐下来了吗，还是被食盆分散了注意力并试图走过去吃东西？您不要管它，站在原地不动就好，等它重新自己安定下来，重复一遍"坐下"。如果它能够好好地坐上一段时间，您就发出结束训练的信号（参见第32页）并松开绳子。经过一段时间的训练之后，就算没有助手在场，宝贝也能很好地完成训练任务了。

关于食盆的话题：狗狗要允许您触碰它的食盆，也要可以容忍自己正在埋头吃饭的时候您过来拿走食盆。为了达到这一训练目的，请您时不时地走到盆边，往里边加一些好吃的——比如说一节肉肠、一块奶酪或鸡肉什么的。

请您在食盆旁边的地上坐下来，时不时地把手放到盆沿上，偶尔丢一些吃的进去。这样狗狗会知道吃饭的时候您在旁边不但不是坏事，说不定还有好处，不会破坏自己的美餐。如果它习惯了这些，请您试探着把食盆举起来，偶尔也放进一些东西去，不要每顿饭都这样试探，要间歇性地练习。在训练的过程中要果断干脆，动作利落，不要迟疑不定，拖泥带水。练习中也可以配合一些前面的练习，用狗咬棒或咬绳交换它的食物（参见49页）。

"进城"旅行

现在是带狗狗出门来一次货真价实的"环城"之旅了，但最好尽量避开上下班高峰期，不要在旅途中间顺便处理个人事务。

训练步骤：请您准备好它爱吃的点心和最爱的玩具，带上卷筒纸和几个袋子，以便出门清理狗狗的大小便。出门之前的最后一餐要少吃一点，让狗狗有一种饥饿感，只有这样才能保证饼干诱惑在某些"特殊"场合中能够

请您注意带狗狗离噪音源远一些，使它保持在放松状态，让它能够适应这种声音环境

发挥救场的作用。

您经常搭乘公共交通工具吗？如果是的话，也要带宝贝熟悉这种环境。找机会带它一起去公交车站，用美味诱惑它自己上车。如果是乘坐地铁或轻轨电车，请您先在站台上等一段时间，让它先习惯一下周边的氛围，不要离入口太近，以免地铁或电车呼啸而来的时候把它吓到。等它适应了这种交通工具，再一起乘车去市里。

请您带着它一起过马路，穿过人行横道，进入百货商场，带着它一起坐电梯。如果它对某些东西流露出害怕的情绪，比如说看到"街头音乐家"们激情澎湃的演出时，请您把它抱远一点，在能够听到外界声音的同时慢慢放松下来。如果它平静下来，给它一块饼干奖励，然后继续往前走，或者稍微靠近一下那个让它害怕的声音来源。

拓展训练：如果您的狗狗情绪已经完全冷静下来，请您在出行计划中添加一些简单的练习。比如说让它坐下或发出"看这儿"的口令（见右下图）。因为外面的环境中会有很多干扰因素，请缩短坐下的时间，也就是说要在有外界干扰因素出现之前早点结束这个练习。

重点强调：不要对狗狗过度苛求，正常情况下（不包括比如在咖啡馆休息的时间）在市里待一个小时就足够了。一下子接触太多新事物会让它感到力不从心。从城里回到家可以让它稍微多睡一会儿，可以关上笼子让它好好休息。

在有干扰时训练"看这儿"

现在您的狗狗对"看这儿"的口令已经执行得相当熟练了，即使有些微干扰也可以不受影响，现在我们就来提升一下干扰程度。

翻越障碍是带狗狗走路时的一项花样训练内容，会使它的注意力更加集中，也会让训练内容变得更加丰富多彩

请您注意保持和狗狗的目光接触，只有这样才算圆满完成训练，注意调整时间长短

训练步骤：您带着狗狗站在离路边一段距离处，不远处就是一个前进中的行人，要让这个人同样出现在狗狗的视野中，在行人离得还算远时，喊一声"看这儿"，这时狗狗会自然地听从您的命令。保持目光接触，最理想的状态是一直可以维持到行人走过，如果这段时间太长，就请您早点结束。但是无论如何要注意，一定要保证结束训练之前狗狗的视线一直都在您身上！

强化"这边走"训练

我们在50页中已经描述过怎样训练狗狗执行"这边走"的命令。现在请您慢慢延长训练中行走的距离并变换方向。

训练步骤：您像平时一样走在前面，拿着点心奖励，只不过这次的距离略微拉长点，中间也可以加入一些轻微的干扰因素。除此之外，您还可以带宝贝走一些蛇形弯道或者兜一个圈。请您根据狗狗的自身情况设定步行跟随练习的距离。如果它不能集中注意力，总是乱跑乱嗅，不能很好地跟随您前进，说明训练内容对它太难或干扰因素影响太大了。

跨障碍拓展训练：总是在同一平面上前前后后来回走无论对狗狗还是训练者来说都有些乏味，所以您可以在前进途中设置一些小小的障碍。请您找一棵倾倒的树木，不用太粗壮，但一定要牢靠。在离树木较远处开始训练，这样狗狗会先把注意力集中在您身上。等它开始跟着您手里的饼干往前走了，您再走向那棵树，慢慢翻越过去，并用美食诱惑宝贝像您一样跨过障碍。当它爬过树木时，请您再次说出"这边走"的口令。如果狗狗太小只，不能让它朝前跳，而要让它紧随在您身旁。尤其在做这种障碍练习时要注意让它自觉地时刻跟在您左右。

"趴下"的强化训练

前面第42页已经讲过"趴下"的训练方法，现在我们要延长动作的持续时间。

训练步骤：如果狗狗做出趴下的动作，不要马上就给它奖励，而是等这个状态持续一段时间，而它也不再急切地拱着您的手心要饼干的时候。刚开始时设定趴下几秒钟就可以，之后慢慢延长练习时间，比如延长到半分钟或者更多，但是要循序渐进，切勿操之过急。

现在我们还需要变换一下奖励方式。像以前一样，

提示板

狗狗单独在花园

您的花园肯定也已经布置好了，对狗狗来说必然是安全的。尽管如此，也不要把幼小的狗宝宝单独留在花园里。也许这种办法对您来说比较省心省力，但常常这样它性子会玩野。它会学会自己找事干，然后会发现在没有您参与的情况下，也能在外面找到很多乐子。您简直想象不到它会有什么奇思妙想。另外，这样对您和宝贝之间的关系也会有负面的影响。不仅如此，有些人还会通过栅栏惹恼狗狗，甚至还有人会喂它吃东西，所以这时若有人心怀叵测，丢狗这种事是很容易发生的。

您把一块饼干握在手中，把另一只手背在身后，手中藏着第二块饼干。现在请您喊"趴下"，让狗狗保持一会儿趴下的动作，然后给它"隐藏"的奖励。如果狗狗得到了意外的奖励，能够自愿地好好趴下，请及时把另外一只手里的饼干清理掉，把空手掌展示给它看，这时空空的手心会给它留下印象。以后您就可以在手头没有奖励的情况下让它执行"趴下"的口令，这种训练是非常重要的。

认识大自然的旅行

除了带它去城里，我们也要带它接触自然环境。在狗狗的社会化阶段带它认识自然世界是非常有益的。有很多的未知等它发现，各种新鲜事物吸引它去探险，而且这些活动都会促进人和狗狗之间的理解和默契。

训练步骤：请您带狗狗到一块花草丰美的"探险圣地"，比如说可以是一块林间空地，树木葱茏，草色幽深，周围有小径宛转，溪水潺潺。

- 请您先带着它穿过草丛或灌木走一段路。
- 短暂的休息过后，用美味的点心引导它越过低矮的树枝，爬过挡路的树桩，穿越流涡的溪流等。如果小河上有简易的木板桥，透过板子的缝隙可以看见流动的溪水，这时过桥对狗狗而言其实是一种略带惊险刺激的行为。
- 如果狗狗迟疑不决，美食诱惑也可以给它更多勇气，但如果狗狗就是不敢，请您不要强迫它。下一次换个时间，做一种它特别爱吃的美味，再进行一次尝试。

重点强调：请您控制出行时的练习强度，不要要求过高，活动不要太多太累。如果计划进行一项"大动作"，那么这天就不要再安排过多刺激性的内容。也就是说不要上午去了一趟城里，下午再接着来大自然探险。狗狗需要足够的时间进行调节和休整，才能消化活动中接触的新事物和学到的内容。

认识大自然的过程会给狗狗和主人创造更多共同生活的美好回忆

如何训练小狗

步骤 1 狗狗在路上被什么东西吸引住了

步骤 2 现在它开始抬头看您

在室外练习"这里"

如果在室内训练一喊即到已经没有任何问题,我们现在要把训练场地移到室外。如果您家里有花园,在里面练习就可以。现在它在一个比房间更自由和宽阔的环境里,能够感知到很多其他声音和味道,但是要避免陌生的狗狗或行人经过吸引它的注意力。

训练步骤:您先自己走进花园,狗狗这时待在房间里,另外一个家庭成员作为助手抓住它的颈圈,带着它观察您的动态,看您是怎么进到花园里的。然后您停下来,转身喊它"这里",房间里的监护者放开掌控,这时宝贝会迫不及待地飞奔向您。等它来到您身边的时候,给它美味的奖励。然后给它套上绳子或发出结束训练的信号,或者您还可以进行反向的练习——让它待在花园,您回到房间来。如果几次训练期间狗狗表现优良,也就是说您呼唤时它可以应声前来,而不被其他事物吸引,这时助手可以取消。

路上的室外训练:如果花园里的训练进展顺利,或者您家里没有花园,可以在路上进行训练,比如在您带它出门认识大自然的途中。

▶ 请您站在离狗狗三四米远处,等一会儿,看它的注意力是否集中。

▶ 如果它的视线没有集中在您身上,请您弄出一些动静来吸引它的注意,比如咂嘴巴或舌头叩打上颚。

▶ 您觉得宝贝会怎么反应呢?听到口令会很快跑过来吗?如果答案是肯定的,请您给出口令,喊一声"这里"。同时您自己往后退,拉远和狗狗的距离,这样会刺激它加快速度,您倒退得越快,它跟过来的速度也就越快。

您的宝贝总是能在发出指令的第一时间毫不迟疑地飞速赶来?太棒了!那么现在可以扩展一下训练范围,当它注意力不在您身上时进行练习,比如当它在到处乱

步骤 3　您喊它，同时向后跑

步骤 4　等它跑到您身边时蹲下来

嗅时或者在玩什么玩具时。请您一定要仔细衡量和考虑清楚，它是不是真的能按照指示执行动作，不要在不确定的情况下轻易尝试。请您先吸引狗狗的注意力，不是通过"这里"的口令，而是通过诱惑的语调暗示它如果不过来就会错过好事情。

您需要在训练中付出多少精力和体力，在实际练习时答案会自动浮现出来。因为您跑得越快，狗狗也会跟着跑得越快。在它跑过来的时候，请您好好观察。只有当它是以最短的直线距离目标明确地径直向您跑来时，等它跑到离您大概三四米远的时候，您再拉长声音对它喊一声"这——里——"，当它来到身边时当然要给它美食和夸赞。不要忘记过来以后抓住它，要么再次让它离开，要么给它套上颈圈，动作要始终从容不迫，不要慌张忙乱。这个过程中请您始终保持警醒，不要疏忽大意，让狗狗有叼走饼干跑开的机会。

其他奖励方式： 现在您对自己的宝贝已经有了深入的了解。您肯定知道它最喜欢哪种口味的点心或者它最爱的玩耍方式。如果它喜欢某个玩具，您可以在呼喊它时把玩具当作诱饵放在身前。等到它跑过来时，逗它来抢一会儿玩具。如果它特别喜欢捡球，请您双腿岔开，把球从胯下向后扔，它会飞快地冲出去，把球捡回来给您。

请注意： 如果您不能确定狗狗会遵从您的指令，快速地反应并直奔您而来，那么请无论如何都不要使用"这里"的口令。从前文中您可以了解到，狗狗这段时期对事物的印象会作为长期记忆储存起来。如果在您喊了"这里"以后，狗狗的注意力被别的事物吸引，没有直线跑过来，而是拐了个弯去看老鼠洞或者跑到另外一片草地上，那它以后就会认为，"这里"的口令不是所有时候都有效力的。如果这种情况经常发生，您可以想象这种训练根本不能起到强化让狗狗一喊即到的作用。

基于以上原因，请您慎重使用口令，宁缺毋滥。

如何训练小狗

步骤 1　它现在不在您的身侧

步骤 2　请您这样将它引导过来

步骤 3　快到身边时，请您喊"这边走"

基本站位练习

"这边走"——这个口令表示狗狗要待在您的身侧，不管您是处在行走坐卧哪个状态。如果您以后带着狗狗一起出门，需要让它停下站好时，它最好能站在您的旁边，不要斜着站，也不要排在您的前面。比如说，您和狗狗一起等红灯的时候，如果它之前没有接受规范的训练，很可能会站在大街上或挡在路上，而不是规矩地站在您的身侧。

训练步骤：您怎样才能让它乖乖地站到身边来呢？我们设定这样一个场景：您牵着绳子，狗狗就站在离您不远的地方，如果平时出门时它习惯跟在您的左边（看具体情况而定，参见50页），您便用左手拿一块饼干放在它的鼻子前面，用美味引诱它通过您手中划出的弧形路线转过身来，向后顺势转到您的左边。也就是说，它先往后转身，来到您的身边，再向您靠拢，最后转到您的身后左侧，有时候需要您向前挪动一步。在它最后来到您身后左侧的时候，抓住时机喊一声"这边走"。如果这个过程中动作流畅无误，请您接着给出"坐下"的指令。狗狗坐下时请抬一下或缩一下手，等它坐好了再给奖励。练习基本站位的时候也要让它多坐一会儿。

拓展训练：如果狗狗跟在您的后面，请您用饼干将它引到身侧，等它快要过来以后喊一声"这边走"。

重点强调：请不要用"来这边"或者"过来"等词语替代"这边走"的口令。

训练"别动"

如果狗狗在上个训练中能够安静地在您身边坐一段时间,说明它现在的心理素质可以接受"别动"的训练了。这项训练的内容是要求宝贝能够坐在指定位置不动(现在是坐着,以后还要练习趴着),并保持一段时间,训练的时候您不在它的近旁,而是在离它不远处。请您在这周快结束时开始这项训练,也就是说此前宝贝经过几天的训练已经掌握了基本站位的要求,而且训练时可以长时间保持坐下的状态不动,这是开始进行新内容的基础。

训练步骤:请您先让狗狗执行基本站位动作,让它坐在您的左侧或右侧,也就是平时出门时它习惯跟随的一侧。这次训练您的手中不拿饼干,因为狗狗会受到美食的诱惑而三心二意,训练也会变得艰难。请您先吸引宝贝的注意力,不要吓到它,只要让它保持警惕就可以,

这个练习需要狗狗保持相对镇定。现在喊一声"别动",然后调整位置,站到它的正对面。绳子握在您的手中,呈自然下垂状态。当您站在对面的时候它必须依然保持坐下的姿势,不能站起来、跑过来或从一边溜走。这项练习开始时比较容易取得成功,而成功的经验也会强化它的记忆。这时请您站在原地不动两秒钟,然后重归初始位置,站到它的身边。训练圆满完成后请您不吝赞美,并温柔地抚摸它,然后发出结束训练的信号。接下来几天里,请您慢慢延长"别动"的时间,也就是说把您站在它对面的时间稍微拉长一点,但要注意观察延长时间时狗狗的状态,要保证它在您站在对面的训练过程中始终保持平静和放松,不要一下子把时间拉得太长。另外,不要拉远您和狗狗之间的距离,您始终都是站在它的正对面。

步骤1 狗狗安静地坐在您的身侧

步骤2 发出"别动"的口令,然后站到它的正对面

出现问题时要如何解决

和新"家庭成员"相处的前几个星期有时会出现一些小问题,但其实也不难解决。下面我们就选择了一些训练初期经常出现的问题,并给出了相应的解决方案以供参考。

狗狗总是只在房间里大小便

问题情况描述:我把狗狗带到屋外,和它一起玩耍,到处溜达,可是它就是不在外面排便。等我们一到屋里,它就要闯祸了。

原因和处理办法:有些宝贝很容易被新事物吸引注意力,忘记自己要做的"正事"。回到熟悉的环境以后,没有别的因素干扰,它的生理需求就会突然变得急切。

您可以在它回到房间之前把它带到花园里固定的排泄地点,或者在它回去之后时刻关注它的动态,一有可疑的"苗头"就把它带到屋外去。

狗狗不愿意出门

问题情况描述:我家的狗狗只肯待在熟悉的环境中,坚决不愿出门,我怎样才能让它变得勇敢呢?

原因和处理办法:狗狗天生有一种直觉,本能地觉得不要离自己的窝太远,万一遇到危险时可以赶快回到安全的窝里来。因此,刚开始时狗多少都会有一种领域意识,只不过程度不一。这是一种正常现象,只是随着时间的推移逐渐显现出来了而已。

请您不要采取威逼利诱的手段,也不要借助绳子引导或强迫。最好的方法是直接抱它或载它出去,走得远远的,去一个它不认识的地方,这样即使它想走也不能凭自己的力量跑回家去。

狗狗不吃饭

问题情况描述:狗狗已经来我家好几天了,但是无论用什么办法都不能让它吃饭。我现在应该怎么办?

原因和处理办法:狗狗来到您的家里意味着它原本的生活发生了天翻地覆的改变,习以为常的生活模式在短时间内全盘更改。有些狗狗能够经受这样的冲击,刚开始就可以很好地适应新环境,并表现出良好的食欲;有些则比较敏感,需要更多缓冲时间,慢慢调整和适应,而食欲不振正是它对环境不适应的一种表征。如果狗狗表现为活泼好动,说明它没有适应环境的问题。您不必过于担心,也不必给它开小灶,它不会饿到自己的。

如果它不愿意吃饭,请您把它的食盆拿走,等到下顿饭的时候再重新端回来。几天之后它会慢慢习惯并开始正常进食。

狗狗有护食的毛病

问题情况描述：我家小宝贝只有三块奶酪那么高，但总是护在食盆边上，一动盆子它就想要反抗，怎样才能改掉它这个坏习惯？

原因和处理办法：这种时候如果您放任不管或者走开不理它，随它霸占着盆子猛吃的话，是完全错误的。护食这种行为是不能姑息的。请您每次端给它满满的食粮时，都先让它等待一段时间。时间一长，这个毛病就会戒除掉。如果还是不能的话，请您依照下面的步骤处理。

请您在空食盆里装上少量的食物，放在地上，然后转身离开。

如果狗狗吃完了盆子中的食物，请您再给它添上一点，然后再次离开。如此重复添加，直到它把一顿饭的食物吃完。

如果狗狗的状态比较放松，请您如之前章节所述，每次添加食物时将食盆高高举起，再把东西放在里面。这时候狗狗看见您走过来，就会联想到要添加食物。

若上述步骤都能顺利实施，请您坐在食盆旁边，不停地给它往盆里添加一点食物。如果它状态正常，请您继续前文53页上的操作流程。最后要达到狗狗吃饭时您可以站在旁边并随意移动的程度。如果它咬住狗咬棒或咬绳不松口，请您用别的东西交换，让它松口。不要用对它来说非常有诱惑力的东西，一个好玩的玩具即可。

狗狗听到喊声或哨声过来以后就跑掉

问题情况描述：我家狗狗过来以后叼着饼干就跑了，有时候它对饼干没有兴趣，根本就不理会口令，我们怎样才能纠正它的行为？

原因和解决办法：您是不是曾经试图抓住它？如果是，它肯定会躲开。或者您是不是在它过来以后曾经有过负面的表现，比如语音语调和肢体语言方面？

请您注意维护和狗狗之间的"心灵"联系，在整个过程中要对它时刻保持关注，比如在它跑过来的路上，一直到跑到跟前您给它套上绳子或重新放它走开。

除此之外，可以找一条细绳子作为辅助工具，长度在一米半左右就可以。把绳子系在狗狗的颈圈上，在它来到跟前吃饼干的时候您把绳子的末端捡起来或者用脚踩住。这样您就不必分析关注它的动向，集中精力注意自己需要怎么说和怎么做就可以了。长此以往，当狗狗慢慢知道无论怎么瞎跑乱窜都是徒劳，它就不会随意溜走了。

请您观察狗狗是不是真的喜欢您准备的点心，如果它听从命令跑过来，一定要保证给它的奖励真正符合它的口味。

第八章　第5周训练计划

现在您的狗狗对新的居住环境和生活节奏已经相当熟悉了，它肯定也适应了您平时的日程安排，对您的信任感也在与日俱增。尽管如此，还是有很多东西需要继续学习。好在您现在和它相处已经颇有心得了，知道怎么以正确的方式达到训练的目的，这也就是所谓的熟能生巧或经验之谈吧。

控制好分寸，保持适度亲密

不管您的宝贝长得再怎么乖萌可爱、让人爱不释手，您都要控制好分寸。如果您总是表现得过于亲昵，那它以后对这种爱的表达可能会变得麻痹，甚至对您的拥抱和抚摸产生反感的情绪。如果情况变成了这样，您应该也可以想象，过多的亲密接触对宝贝而言反而成了负担。您和它建立和谐友好的相处模式也会变得十分困难。除此以外，这种本来应该受到期待的爱抚动作也失去了原本的奖励意义。请您注意日常生活中要保持平常心，不要每次看到它都亲亲抱抱或表现得过于关注。不光您要注意，其他家庭成员或来访的客人也要遵循这一原则。

狗狗和家中其他动物成员的相处

您家里还有其他动物成员吗？在自然环境中鸟类或哺乳动物的幼崽很容易沦为狗狗的猎物，因此这些小动物看到狗狗会有一种本能的恐惧，而它们受惊跑开的动作又会激发狗狗追赶和抓捕的欲望，让它兴致勃勃、紧追不舍。如果您同时也养了豚鼠或类似的小动物，把它们放在笼子里或一个相对密闭的场地是比较安全的做法，狗狗和它们会彼此慢慢适应对方的存在，不会因为"过于亲密"引发事故。如果弱势的一方感到不安或压迫，请您把狗狗抱远一点，直到它们重新平静下来为止。

如果家里养的是一只猫，那情况就有些复杂了，主要是您的调整未必会有作用。有些猫并不怎么怕狗，相处起来没有什么问题，但有些会有意识地躲开，刻意地保持一定距离。请您仔细观察狗狗的反应，如果双方慢慢打消疑虑、彼此靠近，那说明这段关系在朝正常方向发展；如果狗狗突然变得狂躁，开始猛追小猫，这时候就需要您及时进行干预（参见第52页和第70页）。请您保护猫咪安全撤退，平时把猫食盆放到一个狗狗碰不到的地方。这样做一方面是为了保证猫咪在进食过程中不受干扰，另一方面则是因为猫粮对大部分狗狗而言可谓是难得的美味。

有目的性的玩耍训练

如果您平时经常拿玩具和狗狗一起玩，那么当您从柜子中取出它最爱的玩具时，它一定会兴高采烈地跑过来再次和您玩。现在我们要做的是出门在路上时也和它欢乐地玩耍。

训练步骤：出门前把玩具装进包里，这个过程要让狗狗看见。您可以加上诱惑的声音调动它的积极性。等您散步走到最后的时候，把玩具从口袋里掏出来，像往常一样邀请它一起来玩。它对玩耍的兴趣会高于对周边环境的关注，请您在它玩兴正酣时结束游戏。另外还要注意，不必因为玩耍而给它奖励，因为玩耍本身就是非常有乐趣的。

拓展训练：如果狗狗在室外环境中也积极响应您的

玩耍提议，请您再提高难度，有意在周边添加一些干扰因素。比如路上不远处听见草地上鸟群的叽叽喳喳声，或者附近的小溪中有野鸭在游泳，如果狗狗能够注意到这些动静，就可以算作适宜的训练环境。

在有干扰的训练环境中从包里拿出玩具，发出"看这儿"的口令或做出开始游戏的信号把它的注意力调动过来。当它把视线集中到您身上时，请您朝着有鸟群或野鸭的方向略向后退，然后开始真正的游戏。这样它会知道，还是和您一起玩才是最有意思的，其他的声音都不重要，玩耍结束后请您马上带它离开。

出门散步，遇到其他小狗

狗狗现在和您关系亲密，时刻不离您的左右吧。迄今为止我们还没有练习过散步时遇到其他小狗的情况，但是您肯定偶尔会碰到别的人出来遛狗，一般情况下我们来个180度的转弯就绕过去了。现在我们来训练在这种情况下怎么让狗狗知道跟随主人才是最重要的事。

请您在远距离看到干扰时就转向避开，不要让狗狗注意到其他小狗，等它被吸引再做反应就迟了，绕一个大圈兜过去，如果这样能够奏效就是一件值得庆贺的事。但是如果在发现时已经距离很近了，请您根据具体情况斟酌，灵活应对。如果是别人家的狗狗主动跑过来，而宝贝表现相对淡定、友好而自持，这时您就不必停顿，继续原来的路程即可。这个过程会让它知道您的步伐才是自己应该注意的焦点，您走到哪它就应该跟到哪。如果上述步骤能够顺利执行，说明训练取得了圆满成功！

如果您觉得狗狗的注意力已经被干扰，请您及时中断散步，给它系上绳了。在它坐下来的时候，您可以待在一边，悠闲地看它和小伙伴嬉闹玩耍。它会慢慢习惯

学习时间表

第5周训练主题

控制好分寸，保持适度亲密
狗狗和家中其他动物成员的相处

训练活动	训练频率
有目的性的玩耍训练	每周多次
出门散步，遇到其他小狗	每周2～3次
松口的拓展训练	每天1次
有干扰时练习"趴下"	每天2次
训练"别动"，增加距离	每天
"这里"与"坐下"串联	随时
训练一个"中止"的信号	每天数次，连续几天

这种状态，也会知道自己可以放松地和小伙伴们撒欢，不必时时都看着您。另外，随着它慢慢地长大，现在散步时间可以延长至10～15分钟了。

松口的拓展训练

您已经教会狗狗听从"放开"的口令，可以在交换的前提下交出嘴里的玩具、狗咬绳等物品。这是一种训练模式（参见第49页），但是您不可能一直用交换的方

如何训练小狗

法让它吐出口中的东西,因此您现在需要改变一下训练方式。

训练步骤:在和狗狗进行"拉锯"游戏时请您不要再使劲拉扯它口中的东西,但要紧紧抓住别松手,不要再满头大汗地生拉硬拽。如果您坚持立场不放松,有些狗狗很快就会松口,如果不能的话,请您用一种严肃的语气发出"放开"的指令,这时候它应该会做出让步了。等它吐出嘴里的东西以后请您稍等一会儿,然后再从口袋里掏出饼干或者以继续做游戏的形式给它奖励。不管它嘴里含着狗咬胶、狗咬绳还是其他东西,都要训练它心甘情愿地松口。如果它能很好地做到上述要求,您可以在训练完成后给它奖励,请您注意务必要等一会儿再奖赏它,要让它知道您的主导地位和口令的权威性。

有的主人会问,一定要训练拿走狗狗的东西这项内容吗?答案必然是肯定的,因为说不准什么时候,它可能因为分不清楚危险的物品而把它们当成玩具,或者它有可能从不知什么地方弄来一块超大的骨头,想吞下又无法咬碎。这都是非常可能发生的可怕情形,您需要把危险品及时移除,因此您的狗狗必须能够接受这种行为,不能出现对您吠叫、抢夺等行为。

重点强调:当您拿走狗狗的某件东西时,不要使用威胁的方式,也不要犹豫拖延。不论什么时候都要果断、稳妥,有主人的威严,这样您的意图才会表达得清楚明白,而且更有说服力。

有趣的游戏能够调动狗狗的积极性,如果它想要追逐鸭子或其他猎物,可以使用游戏的方式吸引它的注意力。请您及时注意狗狗的反应,及时采取措施

有干扰时练习"趴下"

按照我们以前的训练,您的狗狗应该可以看您的手势趴下,然后保持动作不变,直到您把饼干奖励给它(参见第42页)。

训练步骤:现在请您在有轻微干扰时进行趴下的训练。您可以在家里,也可以在路上进行练习。比如说,如果出门散步时附近有其他路人经过,请您在必经路段附近训练狗狗执行趴下的动作。

狗狗不愿意保持趴着的状态?

您的狗狗只能趴很短的时间,或者根本趴不住?那说明干扰太大了,请您之后再做干扰训练;或者它的状态不能算是真的"趴卧",那就请您在它做出趴下的动作时给它奖励。如果您想让它趴的时间长一点,请您在它即将结束趴下的状态时奖励它。如果这样它还是不愿意保持趴卧状态,那就请您在一个完全安静的封闭环境中练习,比如说一个只有四面墙、光秃秃的房间,地板上也没有什么东西。训练时给它套上绳子,趁着它饥肠辘辘时进行练习。把奖励用的饼干放在一边的桌子上,喊一声"趴下"然后等着,等到狗狗做出趴下的动作并保持住这个趴着的状态,过一会儿再给它奖励。请注意,奖励时狗狗的状态必须确实是趴着的。您可以飞快地把饼干丢到它两个前爪中间,或者直接用手喂它。

训练"别动",增加距离

随着训练的进行,您的狗狗目前应该可以熟练执行"别动"的口令(参见第61页)。如果您站在它的前面,它至少可以半分钟静止不动。请您仔细观察狗狗的状态,

慢慢增强训练的难度,选择距离时要保证干扰的强度不影响狗狗执行趴下的动作

要有耐心,等待狗狗和家里的其他动物们互相适应,请您注意不要苛求任何一方

如何训练小狗

步骤1 请您离开它,向前走几步

步骤2 站住别动,绳子处于松垂状态

在它坚持不住站起来之前结束训练。

训练步骤:我们以平时的训练为基础,慢慢增加您和狗狗之间的距离。当狗狗站在您的旁边保持放松状态时,请您发出"别动"的口令,向前走几步,然后转过身来面对它。请您在原地不动,观察狗狗的状态变化,根据狗狗的反应判断训练距离的增加是否在它的接受范围之内。刚开始不要一下子把距离拉得太远,要在一周的时间里慢慢增加,在狗狗已经适应目前距离的基础上逐步延长和调整,一次不要动太多,大概一米左右就足够了。训练的过程中您可以牵着绳子,但要保证不要对狗狗进行具有导向性的拉拽,也就是说作为参照物的绳子必须始终处在松垂的状态,如果以上步骤都准确无误,狗狗却依然不能执行"别动"的命令,而是跑到您的身边,说明还是训练的时间太长或者距离太远。

请注意:请您最好在狗狗仍然处于静止不动的状态时结束训练走回它身边。也就是说,您最好能及时发现它状态中的改变,趁着它的耐心耗完之前采取行动,这样才是一个成功的训练流程。请您注意观察它的一些小动作,比如舔鼻子、挠痒痒,或者其他表现出紧张、不安、躁动的身体语言。如果它的这些表现很明显,请您把训练的难度调低一些。

重点强调:在狗狗站起来的时候不要喊它的名字,您只要一喊它就会跑到您的身边。请您以侧身的基本站位开始,也以同样的姿势结束训练。

"这里"与"坐下"串联

您的狗狗现在可以顺利地执行"这里"与"坐下"的口令(参见第26页和第28页),现在我们把这两个动作串联起来,这样您可以很好地控制它的行动,某些情况下这对狗狗也是一种重要的安全保障。

训练步骤:请您先在没有任何干扰的房间里进行训练,请您像平时训练时那样喊它过来并给予奖励,然后紧接着发出"坐下"的口令,等它坐下以后等一会儿,再次给它奖励。最后千万不要忘记,最后给出结束训练的信号。

如果您在完成坐下的训练以后就给狗狗套上绳子,之后也没有安排其他的训练内容,请您注意及时给出结束训练的信号,最好在套上绳子以后就给出。

请注意:请您注意发出两个口令时语音语调上的转变,"这里"的口令要使用强有力的、有感染性的语调,而"坐下"则需要相对平静,这种平静并不意味着不重要或无所谓。请您时刻注意狗狗的状态,喊它过来以后就喂它吃手里的饼干,然后紧接着用平静的语调说一声"坐下",声音不能过于急躁,徐缓有力即可,中间的等待时间不能太长,如果步骤之间衔接得不紧凑,狗狗的注意力会分散到其他事情上。

重点强调:在进行"坐下"的训练之前请您及时进行"这里"的奖励,这是一个非常重要的、需要反复加强的训练难点。如果您一直等到它坐下以后才给予奖励,这时距离"这里"的动作执行已经有很长时间,而且这过程中又插入了"坐下"的动作,奖励的范围就会混淆不清。请您严格按照上述步骤进行训练,如果有一天狗狗可以自发地将两个动作串联起来,听到喊声之后跑到您的身边,然后坐下来,您就可以在整套动作结束以后只给一次饼干作为奖励。

步骤 1 狗狗听到口令跑过来,及时给它奖励

步骤 2 奖励过后再让它坐下

如何训练小狗

步骤 1 狗狗想要吃手里的饼干

步骤 2 发出"停"的口令,合上手,狗狗感到受挫

训练"终止"的信号

在第7页中我们已经提到过,如果您想告诉狗狗它的某种行为不合时宜,您该如何使用肢体语言和狗狗进行交流。除了这种方式以外,您还可以找到某个表示"终止"的信号。比如,以"停"作为终止的信号,通过训练让它知道,说出"停"的口令时表明它做了一件不好的事。狗狗听到您发出的终止信号时会明白自己现在做错了,要马上停止当前的行为。经过成功地练习之后,狗狗会把"停"当作终止当前动作的口令。

训练步骤:请您准备好一把饼干,每次只放一块在手里,连着喂它吃几次,一次一块。这样喂食几次之后,再把一块饼干按原样放在手中,等它过来想要吃的时候,合上手把饼干攥紧,同时发出"停"的信号。现在的狗狗是什么反应呢?是不是很茫然、完全不知所措呢?这就是我们进行这项训练的目的,"停"的口令要调动起它挫败的情绪。如果确实按计划进展,您可以用另外一只手给它奖励。但是如果您的狗狗比较执拗,仍然拱着您的手希望得到饼干,请您坚持握住饼干并等它冷静下来。什么时候它停止索求、开始等待,什么时候您再把奖励给它。

经过几次这样的训练之后,狗狗应该可以做到一听见"停"的口令就马上停止索求饼干的行为。现在可以进行下一阶段的训练了(您不必一定在这周进行)。您还是准备好一些饼干像以前那样喂它,只不过这次发号施令时不要合上手,它应该在您发出"停"的口令时就理智地退到一边,尽管您的手里现在就拿着饼干也不能上前。如果它能做到这样的要求,就适时地给它奖励。请您注意不要让狗狗在训练中有机可乘,违反正常的训练程序,从您打开的手中抢到饼干,这种"成功"的经验对我们的训练很有破坏性。请您在不同的环境中继续进行这项训练,使狗狗在其他环境中也能服从命令。

加强性练习:"终止"信号的训练并不是在这个星期之内就可一蹴而就的,而是要在以后的生活中慢慢地加

第八章　第5周训练计划

步骤3　听到"停"的命令，狗狗止步，不去吃饼干

步骤4　狗狗听从"停"的信号，给它奖励

强和拓展。

如果狗狗在您手掌打开时也能听从"终止"信号，面对饼干诱惑保持不动，那么您现在就把饼干放在地上。如同我们刚开始训练时那样，您先把饼干一块一块放在地上让它来吃，喂食几次之后，等它再次想吃时喊一声"停"。请您注意，一定不要让它有机会违反训练程序而得到地上的饼干，如果是这样，那么我们之前的努力就都付诸东流了。如果它试图叼走地上的饼干，请您迅速反应，把饼干及时拿走，或者直接用脚把饼干踩住，然后再继续进行练习。您的狗狗这次学乖了吗？如果它不再试图从您的脚底下把饼干挖出来，而是静静地等在一旁，请您给它奖励。如果它还是执著地努力想得到饼干，请您一直踩住不要放松，直到它停止动作，明白这样做不对为止。等它接受了现实，再给一块饼干作为奖励。如果有一天狗狗看到地上放着饼干想要去吃，但是您给出了"停"的口令，它能听从命令，保持冷静，在诱惑面前不动摇，那么说明我们的训练已经取得了圆满成功，

以后您可以使用这个信号来终止它的错误行为。

请注意：请您在狗狗即将做出某些错误行为时发出"停"的信号，时机是非常重要的一个因素。此外，请您留意是不是只有您在使用这个信号，不能让孩子们随便参与和使用。使用哪些声音信号或身体语言能够成功地阻止狗狗的错误行为是由很多不同的因素决定的，比如说您家狗狗的性格类型，您自己使用哪种信号或姿势更为得心应手等。当然，您也可以使用声音信号和身体语言相结合的方式。

重点强调：请您不要随便什么鸡毛蒜皮的事情都要用"终止"的信号，滥用可能会导致信号失灵。如果狗狗能够很好地听从指令，请您不要忘记给予奖励。如果这项训练已经掌握得非常熟练，也不必每次都奖给它好吃的饼干，一个拥抱或一声夸赞就能达到肯定的效果。

第九章　第6周训练计划

现在您的狗狗已经长到第13周了，它的性格已经基本形成。请您一直铭记在心，狗狗永远是通过记忆和经历来学习的。因此，请您在训练时一定要遵循准确的步骤，已经熟练掌握的口令也不要疏忽大意。现在的狗狗相比之前其实更加小心谨慎，作为它的主人，一定要给它更多的安全感。

狗狗和同类的相处

狗宝宝学习种群间的社交行为，一部分是通过和同类的交往经验了解的，其中主要还是通过和同年龄段小狗的交往来了解。当然，它也会与其他年龄层的狗狗们有接触，这些经历会使它体会到怎样和"成年"的大狗们打交道。

请您认真挑选"教育"自家狗宝宝的"成年教师"，不是每一只成年大狗都能和小狗和睦相处的。虽然大部分情况下狗狗之间的交往会很顺利，但是还有一些狗狗是不喜欢小家伙的，可能因为它们童年时期就完全没有这种同类间的社交，或者童年时期有过消极的经历，不能进行正常的种群内交流等原因。有些主人之前可能完全不了解成年狗狗可能会对狗宝宝做出哪些举动，请您一定仔细斟酌，因为如果您一朝不慎，就会造成狗狗成长中的缺憾，严重的甚至会造成童年阴影。

请您仔细地观察和挑选周边环境中适合给狗宝宝当"老师"的成年大狗，即使某只狗狗符合要求，它也不可能对小家伙事事都容忍。如果狗宝宝在老师面前表现得太随便，过了可容忍的界限，大狗就会规范它的行为，教它懂得狗狗之间的相处原则。这种教育的方式表现为爱答不理、喉咙里发出咕噜噜的声音、拍一下小狗的爪子，或者用牙齿咬蹭它来暗示不满，使用哪种方式取决于小狗的顽劣程度和大狗的容忍底线。

怎样处理狗狗的负面经历

有些时候会发生大狗咬小狗的事情，这对处于敏感的成长期的小狗而言是一种创伤体验。如果有这种情况，请您把小狗带到其他狗狗们玩耍的地方，为它找一个安静、和气的伙伴，要求尽量与欺负它的那只长相类似。让它经常和这个小伙伴一起玩，直到它重新觉得放松为止，这样愉快的经验就会"覆盖"住以前的失败经历。

保持多少种群内社交更有益

您的狗狗不需要每天都和其他小伙伴打交道。一周参加一次小狗社团的活动，路上偶尔碰到其他散步的狗狗，这些对宝贝来说就已经足够了。很多主人都想尽办法寻找每一个让狗狗们碰面的机会，只要看到视野里出现一只狗狗，就赶紧松开绳子让宝贝跑过去，或者有意地和其他主人约好见面，让狗狗们自己玩耍，然后不管它们开始聊天。这样做容易养成一种不好的习惯，狗狗只要一看到其他的小伙伴出现，就立马飞奔而去，不管您的反应。这样的状况相信您也不想容忍，因此请您还是坚持之前的原则，狗狗必须每时每刻都以您为中心，您的意见是排在第一位的。

您的狗狗现在应该习惯了走路时如果碰到其他狗狗也不能乱跑，而是要视而不见，继续跟着您走自己的路。这种情形在您和它一起散步时会出现（参见第65页）。在第79页中我们也会进行这样的训练。我们可以时不时地给它一个和别的狗狗一起玩耍的机会，但请您要注意，在训练坐下或让它看过来时，要及时取下绳子，再让它们一起玩。

如果狗狗套着绳子，请您尽量不要让它找别的狗狗，这种交往会产生后续问题，因为套着绳子的狗狗其实并不是自由地和同类交流，而且这种方式会让狗狗养成拉拽绳子的坏习惯。

如果狗狗感到恐惧

迄今为止狗狗表现出的谨慎都是正常的现象，这种谨慎的心理可能会短暂地转成更强烈的恐惧感，之前、现在或以后的成长中可能都出现过或将出现这种情绪。平时对它而言已经熟悉或十分平常的东西可能在某个特定时机会引发它的恐惧感。如果它听到或看到了什么"可疑"的东西，它会竖起背上的毛，冲着危险吠叫。如果您看到它害怕地缩起身体，夹住尾巴，不敢动弹，说明狗狗也是被吓到了。请您保持放松，不要大惊小怪，这样也会传达给狗狗"没什么事"的信息，它会知道确实没什么可怕的事发生。这是您向它传递安全感的正确方式，不要怜悯或安抚它，这会增强它的恐惧感。如果条件允许，您可以带着它（不是强迫）一起去查看那个可疑的危险。

比如说，如果一个垃圾桶换了摆放的位置，让狗狗感到害怕，您要高兴地走到垃圾桶旁边去。狗狗这时多半会跟在您的后面，然后发现，这根本就没什么可怕的嘛。如果它还是不敢过去，请您一直站在离桶不远的地方给它看，直到狗狗重新平静下来为止。

由于狗狗个体之间存在性格上的差异，不同的狗狗恐惧程度也相差甚远。性格活跃、神经粗犷的狗狗相比

学习时间表

第6周训练主题

狗狗和同类的相处
如果狗狗感到恐惧
狗狗需要多少休息时间

训练活动	训练频率
带狗狗去人多的地方	每周1次
在干扰环境中练习散步	每周2～3次
通过身体检查训练进行交流	每周数次
强度干扰时训练"看这儿"	每周2～4次
套上绳子时和同类相遇	时机允许时
对奖励进行调整	进行已经熟练掌握的练习时
变换奖励方式	随时
"趴下，别动"组合训练	每天2次

容易敏感或缺乏安全感的同类而言，恐惧的程度和症状都要轻很多。

狗狗需要多少休息时间

您可能已经注意到，狗狗是一种爱睡觉的动物。即

便这一习性大致相似,不同品种和性格的狗狗在这方面仍然存在明显的差异。然而休息并不仅仅意味着睡眠行为,也包括让它安静地歇着,期间不安排任何训练或玩耍。每个宝贝都要慢慢学会适应,调整出一个良好的生活节奏,保证充足的休息时间。

训练步骤:讨人喜爱的狗狗经常会吸引大家的视线,很容易成为人们的焦点,几乎每个人都会忍不住逗弄它、抚摸它、陪它一起玩耍。尤其是孩子们,他们经常黏着狗狗玩成一团。这些行为对狗狗而言都是不妥当的。

▶ 如果狗狗属于好静的类型,它在感到疲惫时会自动表现出来,躲在一边。如果它已经表现出这种倾向,一定要让它赶快休息,但是最好还是能够在狗狗感到疲惫之前就能提前结束训练或玩耍。

▶ 如果狗狗属于活泼好动型,它可能不会轻易流露出疲惫的情绪,自觉地停止游戏。但是如果您不能及时予以调整,时间一长狗狗会变得脾气急躁,易于焦虑,注意力也会下降。对于这样的狗狗而言,需要您为它制定规律的作息时间表,安排好它的休息时间和生活节奏,不要放任贪玩的狗狗一直玩到精疲力尽,让它及时停止活动,进行调整和休息。

▶ 如果您已经和狗狗一起训练、散步或玩耍了一会儿,要让它有休息的时间。如果它还是想要继续和您或家里的其他人玩耍,请不要理它。通常情况下让它躺在自己的垫子上老老实实地待着就可以了。如果这样它还是躁动不安的话,请您把它送到封闭的狗笼子里,或者您也可以把它的狗绳系在您身边的桌子或椅子腿上。

▶ 请您根据自己每天的日程安排为狗狗制定相应合理的作息计划,比如说您在上网、工作和做家务时可以让狗狗在一旁休息。一次性的休息时间不宜过长,期间您可以出去走走散个步,或者陪它一起玩个游戏,再把它带回来让它在自己的小窝里歇着。如果您走过它的身边时看到它正期盼地望着您,请不要直视它的目光,也不要说话。请您不要在不恰当的时间满足它的要求,一旦您对它的眼神给出回应,就说明它的苦肉

狗狗慢慢会习惯热闹的人群,而适应的速度和性格有关。无论怎样,它会适应日常生活中的与人接触,在熙攘的街道上也能保持自然放松的状态

计已经奏效，因此就算它撒娇或哼哼唧唧地埋怨，也请您不要管它。

▶ 如果狗狗属于活泼好动的类型，请您注意语音语调，肢体语言不要太激烈。建议您使用轻缓柔和的动作和语音，温和地抚摸或安静地游戏都是很好的选择。不要一直和狗狗玩运动消耗很大的游戏，比如捡球。早上起床或下班放学时狗狗都会跑来迎接，这时建议动作不要过于猛烈，适度即可。

▶ 有客人来访的时候家里总会热热闹闹。请您注意不要让太多人逗狗狗玩，长时间的玩耍会让它疲劳。即使狗狗自己很喜欢和人们玩耍，也要让它适时地休息。在这样的场合中它常常会玩兴高昂，不知不觉就会惹麻烦，比如说如果它太高兴了，就扑到某个人（注意还有孩子！）身上去。这种时候可以把它放在笼子里，等所有人都落座后再放它出来和大家见面。

请注意： 我们经常会听到一种说法，狗狗如果累了就让它趴在自己的垫子上。我个人认为，如果需要休息较长时间的话，这种方法其实作用不大。就实际意义而言，这种做法无异于长时间地让狗狗执行"趴下"的训练内容，而且大多还是在有干扰的情况下。您需要一直留意它的状态，看它是否保持不动。大多数情况下狗狗是不会这么乖巧的，这对它们来说要求实在太高了，而且狗狗其实并不明白您真正想让它怎么做，于是它会一再地爬起来。因此如果休息时间较长，这种方法只能徒增麻烦，建议您把它放到狗笼里或拴在一个固定的地方，这样做比较有实效——您不必一直看着狗狗，而它行动范围受限，也不会惹出什么事来。

重点强调： 如果您把狗狗系在某个固定的地方，不要就此把它扔在那里不管。

如果您要在视线不通畅的地方散步，请注意一定要让狗狗紧随身后

刷毛能起到按摩的效果，也是一种肢体上的交流，会加深您和狗狗的感情

带狗狗去人多的地方

您的狗狗现在应该已经见识过各种场面，可以适应一定程度的人群了。现在请您把它带到交通繁忙的路段或人潮拥挤的超市和商场去转转。

训练步骤：请您做好带它出门的准备（参见第54页），然后根据您的实际情况带它去公交或地铁站。公交车或地铁来到，车门打开并关上，请您带着它先在一旁等待，让狗狗熟悉这种运输工具的运营节奏和上下车的来往人流。

请您注意观察狗狗的状态，看它是否感到紧张（参见第122页）。如果它离来往车辆的距离太近，请您适时地把它牵远一点。

商场是一个好玩的地方，在这里您可以带着狗狗一起乘坐电梯。这并不是说让您一上来就带它去挤电梯，刚开始时请您选一个人比较少的时间先带它熟悉一下环境，如果狗狗表现得比较放松，下次可以尝试着等人多点儿时一起。逛商场时带狗狗去各个销售分区转转，这里经常会聚集很多购物者，可以给狗狗制造和陌生人接触的机会。

重点强调：如果狗狗刚开始表露出恐惧的情绪，但在您拉开与车辆的距离后能够很快地调整到放松状态，请您给它一些饼干作为奖励，或者和它一起玩点有趣的游戏。

在干扰环境中练习散步

请您在散步时也慢慢尝试增加一些干扰训练（参见第38页）。

训练步骤：请您先选一片没有干扰的区域，带着狗狗一起散步，比如说一条有行人经过的小路旁边，慢慢向小路靠近，具体要走多近要看您的狗狗注意力是否还能够集中在您的身上，是否还能紧跟在您的身后不受路上行人等干扰因素的影响。请您合理评估狗狗的训练难度，尽可能地扩大训练距离，但也不要操之过急。您所走到的最近距离必须能够保证狗狗在此处仍然可以不分心，一直紧随您的脚步。如果您感觉到它的注意力已经被分散，请您及时调整距离，在狗狗往路上跑之前带它走远一点。

请注意：很多训练者在练习新内容时总是有一些不确定，不知道狗狗会不会真的按照要求进行。这种想法固然可以理解，但是您要注意，狗狗能够细致而快速地从您的行为细节和肢体语言辨别出您的不确定心理。一旦它对您的不自信有所察觉，训练就会很容易搞砸。

散步过程中训练者的不自信往往体现在行为的迟缓和犹疑，比如您总是回头查看狗狗是不是跟在身后。这

请您给狗狗足够的休息时间，尤其是当它出门进行了一些社交行为，了解了很多新鲜事物之后

样也给狗狗提供了可以东张西望的时间空隙，让它摇摆不定，在继续跟随您的脚步或者探看新鲜事两种选择之间徘徊。

请您以流畅而坚定的步伐向前迈进，同时悄悄地用眼角的余光观察狗狗的动向。如果它表现出犹疑不定，甚至已经出现要跑偏的迹象，请您加快脚步或赶快找个地方藏起来，这样狗狗会赶紧追上来。这种做法比慢吞吞地迁就它的速度要有效得多。

通过身体检查训练进行交流

前面我们讲过要经常对狗狗进行身体检查训练，这样狗狗可以允许您随时抓住它的耳朵和牙齿等部位（参见第33页）。给狗狗刷毛也是身体检查训练的一部分，刷毛一方面对狗狗皮毛的保养很有好处，另一方面也是一种交际行为，可以促进您和狗狗的感情交流。刷毛可以让狗狗感觉舒服而惬意，就像抚摸的动作一样。您只需要按照自己的实际情况确定刷毛的具体时间和过程长短。

训练步骤：请您选好一个不扯毛发的刷子，保证在刷毛的过程中让狗狗感到舒适而不是疼痛。很多狗狗都把刷子当成一个好玩的玩具，这会对您的动作造成干扰，因此请您在狗狗疲惫的时候再去梳毛，这样它极有可能一开始就喜欢上这种在疲惫的时候被照顾的感觉。您肯定也想安安静静地好好给它梳理，那么请您自己也保持安静平和的心态。也就是说您的语音、语调和肢体语言都要平静柔缓，千万不要匆忙潦草。在狗狗对这种安抚感到厌倦并走开之前，您就要仔细观察它的动静，及时停止，您也可以制定一个口令来进行这项训练。

重点强调：在进行身体检查时，安静平和的肢体语

提示板

狗狗需要多少自由空间？

缺乏经验的训练者常常会被狗狗淘气包一样的孩子脾气弄得辛苦而无奈，索性便放任它爱干什么就干什么。这种不及时调教的行为以后会尝到苦果，等狗狗从惹人喜爱的毛绒宝贝长成了一条脾气粗野的大家伙，以前偷懒放纵的主人就会后悔莫及。因此，认真地好好调教狗宝贝是非常关键的，我们这周的很多训练内容都是为了达到这一目的：散步，给狗狗制定作息时间表，让狗狗保持礼貌而克制的行为（例如打招呼时要适度，动作不要过于猛烈），游戏时不能咬人，要等主人把食盆放好再吃，跟着主人的脚步，等等。此外注意表现您的权威性也是至关重要的一项，这样它才会认为您是它值得尊敬的主人，愿意听从您的指示。

言是非常重要的，您需要向狗狗传递出这种信息。即使它总是闹腾，您也不要因此而心浮气躁，无论是动作还是语调都要保持平稳。千万不要骂狗狗，在养狗的过程中，耐心永远是必不可少的要素。

有强干扰时训练"看这儿"

我们已经训练狗狗听到"看这儿"的口令时集中注意力，并及时和您目光接触，之后拓展到有轻微干扰时仍能执行口令（参见第55页）。现在我们以此为基础，

如何训练小狗

步骤 1 狗狗发现了一个慢跑者

步骤 2 叫住它，让它看过来

再增加一点训练难度。

　　训练步骤：请您分别在室内和室外环境中进行此项训练。

▶ 请您找一个助手配合训练。如果狗狗在助手位于近处的情况下仍然能够集中注意力，请您让助手慢慢走近，在此过程中狗狗要一直和您保持目光接触。

▶ 现在进入下一阶段。请您选好某一路段，路上会有各种人经过，比如竞走的人、慢跑爱好者、骑自行车的人。您先把它带到小路旁边的区域，发出口令进行训练，狗狗这时还能自然放松地看着您，和您保持长时间的目光接触吗？如果可以，请您直接把它领到路边，狗狗这时是紧跟着您还是已经开始关注路上的行人了呢？请您现在发出"看这儿"的口令。

　　重点强调：狗狗看过来的时候请您把饼干藏好，这一点我们之前就已经介绍过，狗狗要看的是您的脸，而不是您的手。

▶ 如果狗狗已经达到上述训练要求，请您尝试在有行人牵着狗狗经过时进行训练，这种训练比以上种种难度更大。

　　请注意：请您缓慢增加训练难度。注意，狗狗要能够保持放松、平静的目光接触。如果它能够长时间地维持动作，每次都要给奖励。请您时刻关注狗狗的动向，一旦它的眼神开始飘走，或者注意力明显被干扰时，就立刻结束训练。

套上绳子时和同类相遇

　　狗狗可以随时和同类小伙伴们一起玩耍，但我们也要求狗狗能够顺从地让您给它套上绳子，如果走路时碰到陌生的同类不要跑过去。

训练步骤：请您利用其他狗狗出现的机会对自家宝贝进行训练，这里所说的其他狗狗必须也是套着绳子的。如果宝贝看见了它的同类，请您用饼干或最受欢迎的玩具来转移它的注意力，然后您就大步流星地往前走，经过路上的狗狗时也不要有丝毫停顿，在此过程中狗狗会自发地跟在您的身后，绳子处于松垂状态。等到您已经走出一段距离之后，请您给狗狗饼干或玩具作为奖励。这样宝贝就会知道，如果它始终听话地跟着您，不去搭理路上陌生的同类，就会得到自己想要的奖励。

如果训练进展得比较顺利，请您结合"这边走"的动作一起训练，按照相应的训练要求保持距离，狗狗要做的不只是跟在您身后，还要紧挨在您身侧站好（参见第50页）。

请注意：训练时要注意路上走来的狗狗状态是否正常，如果它拉拽绳子，还不停地吠叫，那么请您放弃训练。这种情况下您家宝贝的注意力会受到严重干扰，请您直接绕个圈子兜过去。要注意宝贝是否心无旁骛地一直跟着您，如果它可以做得很好，请您逐步缩短训练中与前方狗狗的距离。这样的练习是个循序渐进的过程，需要经过一段时间才能慢慢看见成效，不要急着在一周之内全都练好。训练时请您放松心态，因为很多人不能理解您的训练，对狗狗也不是特别喜爱，这些您都不要过于在意，慢慢来，您会喜欢这项训练的。

对奖励进行调整

您还记得训练第一周时的情景吗？我们刚开始时用

步骤 1 玩具的吸引力大过迎面而来的陌生同类

步骤 2 等到走过一段距离之后，请您和它一起玩游戏作为奖励

79

一个直观可见的东西作为奖品，鼓励狗狗做出某种既定的动作（比如"坐下"）。在下一个阶段中，做出动作之前狗狗看不到任何奖励，只有在训练成功后才能得到想要的东西。因此您的狗狗已经知道，并不是只有在饼干出现在眼前时才要去执行口令。在此过程中，您要表现出自己的权威性，这对训练来说是举足轻重的。

现在我们要进行调整，对某些已经熟练掌握的训练内容不要每次都给奖励了。为什么要做出这样的改变呢？请您设想一下，如果每次做一个简单的"坐下"动作都会得到美味的奖励，狗狗就不会愿意付出更多的努力，奖品的吸引力也会下降，甚至它有时觉得按部就班地听话太没意思，奖励的光环变得暗淡，其他的诱惑就显得更有吸引力。如果出现了这样的情况，您的口令就不管用了。

如果它不知道奖励什么时候会来就会一直保持渴望和期待，这个原理很简单，就像我们玩老虎机一样，你不知道自己什么时候会赢上一大笔，因此总是一盘接一盘地玩下去。

所以说训练时也不要总是给狗狗奖励，它要慢慢习惯听从您的要求，而不只是为了得到奖励才执行口令。正如上文中已经提到过的，主人的权威性非常重要。

训练步骤： 请您先考虑一下，狗狗对那些训练是不是已经掌握得非常好了。举个例子来说，现在只有您和狗狗在家，如果它每次一听到您的口令就能马上趴好，那就不要因为这个练习再给它饼干奖励了，当然您也不必吝啬夸赞的话语，比如"做得好"还是可以讲的。过了一会儿，孩子们回家来了，请您在孩子在场的情况下再练一遍"趴下"，如果狗狗做得好，要给它特别奖励，比如饼干或其他好吃的东西。

步骤 1 如果只是简单的坐下动作，请您不要每次都给它奖励

如果狗狗离您大概三米远，听到"这里"的口令可以马上来到您身边，请您不要每次都奖励。但如果它留意到了别的小伙伴，或是正在和家里的孩子们玩耍时也能听从口令迅速跑来，这时要给它额外的奖励，给它一把饼干或者它喜欢吃却很难吃到的东西。做出调整时要确认这项训练内容它已经完全掌握了，然后才可以改变奖励的频率。

变换奖励方式

除了调整奖励的频率以外，变换奖励方式也是一种调整。变换奖励可以调动狗狗的积极性，因为它会一直保持对您的关注。请您充分了解自家宝贝的喜好，以此

第九章　第6周训练计划

步骤 2　没有套绳子的情况下还能完成动作，请您给它奖励

步骤 3　对某些突出表现要给它特殊奖励

作为调整的基础。

训练步骤：假设我们正在进行"看这儿"的训练，刚开始时您像往常一样给它一块饼干作为奖励，给出奖励时要注意，恰当的时机和正确的姿势非常重要。现在我们要做出改变了，如果它已经成功地和您保持一段时间的目光接触，请您飞快地从口袋里拿出它喜爱的玩具和它一起玩耍，或者扔球让它去捡，甚至可以发出结束训练的信号，让它去和旁边的其他狗狗玩耍。如果它之前就已经看见了这些小伙伴并且早就想过去和它们玩，这时上面所说的奖励也会非常有效。如果它看到了小伙伴仍然自发地留在您身边听从召唤，一定要给它最爱的东西作为特别奖励。如果它坐在那儿的时候已经蠢蠢欲动地想奔过去找小伙伴，请您给它一块饼干就可以。进行拿下绳子的练习也是如此，

如果狗狗在取下绳子时一直看着您，之后可以放它自由活动；如果练习时流程不是很顺利，请您调整奖励方式。也就是说，您在为狗狗拿下绳子时，要命令它看过来，如果它听从您的要求，请您给它饼干奖励，然后再把绳子套上。再举一个例子，如果狗狗听到您喊它"这里"时能够毫不迟疑地飞快地跑到您的身边，您可以不必给它饼干，而是拿出它喜欢的玩具，以游戏的形式给它奖励，痛快地玩一场之后再让它坐好。

"趴下，别动"组合训练

这项训练十分重要，您以后可能会暂时离开，让狗狗自己趴一会儿，到时候现在的训练内容就会派上用场，

如何训练小狗

步骤 1 不要拿饼干,站在狗狗的正前方

步骤 2 您重新回到狗狗侧面站好,狗狗仍然保持静卧的状态

就算您不在身边,它也能老实地趴着等待。请您按部就班地训练,一定要稳扎稳打,确保实际操作时真的奏效。

我们前面已经进行过"坐下,别动"的组合训练(参见第61页),趴下的练习也已经进行到了一定阶段。如果狗狗现在能放松地趴下来待一段时间(参见第42页),现在就可以进行"趴下,别动"的组合训练了。一般情况下,这套练习比坐下并保持不动的组合难度更大,这也是我们把它放到这周的原因。

训练步骤:就像刚开始训练趴下时那样,我们先给狗狗套上绳子,找一个没有干扰的环境,在狗狗感到疲倦时进行练习,做好准备工作,保证地面整洁舒适。

▶ 先让狗狗在您身旁趴好,正如我们在基本站位中的要求那样,让狗狗平行卧在您的身侧。姿势要端正,与您的身体保持平行,不要倾斜,倾斜的话会导致"趴下"和"别动"之间步骤的混淆。做好之后结束动作,然后带着狗狗走远一点。

▶ 现在再次让狗狗趴在您的身侧,正如在"坐下别动"的组合训练中那样,请您留意它是否一直集中注意力看着您。趴着的时候狗狗的状态是放松平静的,但您也要表露出主人的威严,让狗狗不敢随便起来。

▶ 现在请您给出"别动"的口令,同时走到它的正前方。请注意不要踩到它的爪子,那会刺激到它,让它一下子就跳起来的。绳子在这时要处于松弛下垂的状态,狗狗不受任何向前或向上的牵引力,这种牵引也会让狗狗站起来。请您握住绳子的尾端,掌握好分寸。

▶ 请您安静地站一会儿,然后重新回到原来的位置,站在狗狗的旁边。现在狗狗仍然要保持趴下的姿势,不能站起来。

▶ 现在请您给出"坐下"的口令,这时才能允许狗狗起来。等它起身坐下,给出结束训练的信号。

▶ 如果狗狗能够很好地完成动作,安静地趴好不动,请您稍微延长一下训练时间。在训练时请您一直站在它近旁的正前方。

第九章　第6周训练计划

步骤 3　如果要给它奖励,如图所示

步骤 4　组合训练结束,让狗狗起来坐好

▶ 如果它最后能够趴住维持半分钟不动,您还可以扩大一下距离,但是最远不能超过绳子可控制的长度。

请注意: 当您站在狗狗前面的时候,不要从口袋里往外掏饼干。这样做会干扰训练,增加不必要的麻烦。如果您真的想给它奖励,请在训练接近尾声时,也就是您重新回到它旁边的时候把饼干放到它两只前爪中间的地上。

就算您现在训练狗狗坐下不动时已经取得了显著成效,甚至可以离开一会儿让它自己坐着,在训练趴下不动的过程中仍然要小心谨慎、步步为营。请您慢慢地练习,刚开始时一定要站在狗狗近旁正前方,练习时间不要太长,良好的开端意味着训练成功了一半。

当您重新回到狗狗身边,如果需要可以再次命令它"趴下"。因为您从前方走回狗狗身边的动作可能会让狗狗误以为自己现在可以站起来了,这时候发出"趴下"的口令可以及时提醒它训练其实并没有结束,等狗狗重新趴好,回到放松的状态静静地看着您时,再给出"坐下"的口令。训练的主要难点在于让狗狗安静地趴好,保持静卧状态不动。

请按照上述步骤进行训练,让狗狗习惯训练结束时调整到"坐下"的状态。这样做其实是一种保险措施,起到缓冲的作用,使狗狗在结束趴着的状态时习惯先坐起来,而不是直接跳起来就跑。在喊它坐下的时候请您用一种具有鼓舞色彩的语调,或者稍微添加一点活泼欢快的成分,也不要太雀跃了,让它兴奋地跳起来就不好了。

重点强调: 大多数狗狗在做这项训练时都想要早点起来而不是多趴一会儿,很多训练者会格外小心提防,说出"别动"的口令时常会不自觉地掺杂一些紧张不安甚至略带怀疑的情绪。请您注意使用一种平稳有力的语调,等您站到它的正前方以后就不要再说话了,以免造成认知上的混淆。

第十章　第7周训练计划

时光飞逝，现在狗狗的幼儿期已接近尾声，一个外在表现就是它开始换牙了。您现在是否已经和宝贝完全打成了一片？它是不是也会偶尔表现叛逆？在它任性的时候请您不要搭理，站在一边不动即可，一般情况下它很快就会自己消停下来。

和陌生人适度接触

之前的这段时间您应该已经带着宝贝见过形形色色的人，我们这样做的目的就是要让它能够把各种人类伙伴当成日常生活的一部分。它不需要对每个人都非常亲热，但至少要安全可靠，不能乱吠乱咬。因为日常生活中我们经常会在路上遇到一些朋友，他们可能也会喜欢招呼或抚摸可爱的狗宝贝。请您根据宝贝的性格类型把握分寸，调整它和陌生人接触的频率。

▶ 如果狗狗属于容易害羞和敏感的类型，请尽量带它多与人接触，但也不要让它感到太累。对这种性格特征的狗狗可以使用喂食的办法来让它接近陌生人，当然这要在您的指导下进行。请您让人拿着好吃的饼干示好，慢慢地靠近温顺的狗狗。有一点请务必注意，如果它正对着您的朋友吠叫，请不要在这时给它饼干，这会被它理解为是一种奖励，反而会误导它无礼的错误行为。如果狗狗对某人表现出恐惧和不信任，请您就站在这人的旁边，这样它就会知道没有什么可害怕的，也不需要逃跑。在狗狗感到害怕不安时不要一直盯着它看，等它渐渐自己平静下来，它会主动过来找您的。

▶ 如果狗狗属于活泼外向的类型，见到陌生人也热情高涨地迎上来，这时的训练方向则与上面相反，您要让它学会在与人接触时应保持礼貌而克制，而且不必每次见到人都要跑去招呼。如果您也用喂食或游戏的方法训练外向的宝贝那就搞错方向了，这样做会使它更加热情多动，见到陌生人也会控制不住热情，等它长大以后这种过火的热情也许会成为引起冲突的隐患。

如果狗狗过于任性自主

狗狗在散步时不愿意乖乖跟在您的后面吗？有些训练者会经历这种烦恼。之所以出现这种现象，一方面是因为现在的狗狗比起八到十周大的时候已经变得相对强壮和独立，它正日益丰富着自己的见闻，周边的环境对它来说也变得越来越有趣。不同的狗狗成长迹象也不尽相同，某些狗狗喜欢黏着人不放，而其他一些则相对独立自主。而主人的行为无疑是决定狗狗表现的一个重要因素。

▶ 您散步时是不是喜欢去同一个地方或走某条固定的路线？如果一直这样，时间长了狗狗就会非常笃定您接下来要去哪里，请您改变固有的路线，换一个新的地方。

▶ 您在散步时总是不急不忙、步履悠闲？这会传达给狗狗一种信息，告诉它时间很充裕，您一直会这么慢慢悠悠地走下去，不必担心会跟丢。请您大步流星地往前走，坚定有力的步伐会提高您在狗狗心目中的权威。

▶ 您在拐弯或转变方向时总会喊狗狗一声以便让它注意？这样做会告诉它错误的信息：不必一直留意您的动向，反正到时候您会喊的。如果您想换个地方或改变方向，请不要时时招呼它。

- 狗狗分散注意力去关注别的东西时您会怎么做？放慢脚步观察它到底在干什么？这种行为会告诉它：不要着急，你不走我会等着你。所以如果它中途开小差，请您不要放慢脚步，仍然大步往前走就对了。
- 如果狗狗表现得越来越自主，不听您的指示，请您注意维护自己作为主人的权威，同时检查平时的交流是否顺畅，不要过于娇惯它。

带狗狗去火车站

这周请您带狗狗去一个热闹的地方——火车站，这里任何时间都是人来人往、络绎不绝，人们的谈话声，火车来来往往的鸣笛声不绝于耳。如果在之前的训练中，狗狗在热闹的环境里可以保持放松，没有表现出紧张不安的情绪（参见第122页），那么我们就可以带它向火车站出发了。

训练步骤：来到火车站以后，请您先不要带它靠近站台，给它点时间先熟悉一下环境。

- 如果它状态放松而平静，带着它到处转转，陪着它在陌生的环境里做做游戏。
- 火车站里有地下通道吗？看着人们从"地下"出来对狗狗而言是非常有冲击性的。请您调整好距离，不要一上来就吓到狗狗。如果狗狗不抗拒的话，路过的行人过来打招呼或者抚摸它都没有问题。
- 等狗狗已经完全熟悉了环境，再带它去站台附近。

重点强调：请您调整好自己的状态，保持平静和放松。仔细关注宝贝的状态，但不要让它感到压力，要让狗狗慢慢知道，现在所看到的场景都是正常的。

学习时间表

第7周训练主题

和陌生人适度接触
如果狗狗过于任性自主

训练活动	训练频率
带狗狗去火车站	连续两周，每周1~2次
不让狗狗乱吃东西	一直，如果情况需要
纠正狗狗索要食物的行为	一直，如果情况需要
根据日常生活设定训练活动	融入日常生活中
没有饼干奖励时训练步行跟随	每天

不让狗狗乱吃东西

狗宝贝就像孩子一样充满好奇，总喜欢把所有东西都放进嘴里，但是您也知道，有很多东西是不能随便往嘴里塞的。它很容易就会误吞一些危险物品，比如脏兮兮的垃圾之类。乱吃东西这种毛病也是存在个体差异的，有些狗狗只不过偶尔小犯一下，有些则是非常喜欢往嘴里乱塞。值得庆幸的是，这种倾向大多会随着狗狗的成长而慢慢消失。处理这些问题并不容易，但您可以努力去纠正它的陋习。

训练步骤：不管您使用什么方法，要在狗狗见到垃圾跑过去叼住之前想办法转移狗狗的注意力。如果这时您手头有它喜爱的东西，阻止它就会变得比较容易，未雨绸缪地做好准备，防患于未然是最好的应对方案。为了避免以后它乱吃东西，现在我们要拿一些东西进行训练，请您把它感兴趣的某种东西当作"诱饵"在地上摆成一列，然后牵着狗狗慢慢走过去。这些东西必须是狗狗感到有趣的、能够激发它的好奇心的，比如要是它喜欢毛球，就摆几个放在路上。如果狗狗在路上遇到了感兴趣的"垃圾"，无论它有没有套绳子，都可以使用同样的方法，下面我们就来说明一下这种情况下我们使用的方法有哪些。

- 如果您在之前的训练中已经制定出了一个终止信号，请在狗狗看见路上的东西并想走过去拿的时候给出终止的信号。
- 如果狗狗已经知道您说"不要"或给出其他类似信号来表示某项行为是不被允许的，请您在它要过去叼东西之前给出禁止的信号（参见第52页，批评狗狗）。
- 如果它对"看这儿"的口令已经掌握纯熟，必要时您也可以给出这个口令。等狗狗听到口令看过来，扔给它一个球或一块饼干，让它过去捡，离路上的东西远点。
- 如果您发现狗狗看到了什么"可疑物品"，请您立刻加快步速，朝反方向走去。不出意外的话，狗狗会紧紧追随着您的脚步前进。
- 请您假装被地上的什么东西绊倒了，用紧张的声音吸引它的注意力，就好像您看到了什么特别的东西。狗狗的好奇心和兴趣点会一下子转移到你的身上，等它过来时要准备一点好东西作为奖励。
- 如果是比较好应付的情况，在它看见某个东西时，请您给狗狗套上绳子，牵着它走过去练习坐下，如果做得好要给它最爱吃的东西作为奖励。
- 有些区域，比如经常有动物活动的地方，人员流动较多的疗养地等，经常会有残余的垃圾和其他乱七八糟的东西，请您避开这样的场所。

某些特别值得奖励的行为要给予特殊奖励。请您试验一下，狗狗最爱吃的是哪种口味

▶ 有些时候狗狗吃垃圾是因为身体里缺乏某种营养成分，请您及时找医生咨询。

当狗狗已经把脏东西含在嘴里时

▶ 如果狗狗喜欢从外面叼回一只死老鼠或烂香蕉之类的，请您尝试用饼干和它交换。
▶ 其他情况下请您使用上文提到的策略（参见第86页第1、3、5条）。

请注意：您选择使用哪种策略要根据狗狗的性格类型决定。请您仔细权衡，选择最有效的办法，有的狗狗喜欢往嘴里乱塞对身体有害的东西，比如小石子，但是有时候它会顽固不化地不肯放弃，如果您确实已经对它无计可施，出于保护它健康的目的，碰到这样的东西时，请您给它带上口套。这是不得已的无奈之计，时间一长狗狗会慢慢习惯，不再去碰这种东西。

重点强调：请您千万不要急着冲过去阻止，边跑边骂。这样做一般情况下只会有两种后果，要么它会逃跑，要么就把嘴里的东西赶快吞下去。

"超级美味"的诱惑和特殊奖励

当您使用某种东西交换狗狗嘴里的垃圾时，可以用一种它非常喜爱，然而很难得到的"超级美味"来诱惑它。除此之外，您还可以在某些训练进展不大顺利的时候用这种特殊奖励进行巩固练习。不过请您注意，这种"高规格"的奖励也是在练习圆满完成之后再进行的。

如果狗狗在火车站非常放松，请您适时地陪它做个小游戏，调节一下气氛

如果一起散步时狗狗丝毫不关注您的动向，请您突然藏起来，这样常会取得意想不到的效果

纠正狗狗索要食物的行为

您有没有碰到过这样的场面：您看一眼墙上的钟表，不好，要迟到了，可是这时狗狗跑到您身边殷勤地摇着自己的小尾巴，用一种无辜的眼神可怜巴巴地望着您，您最终还是被小可怜的眼神融化了，二话不说走进厨房。这种情形很多养狗的人都曾经历过，他们总是容易被宝贝们的温柔俘获。如果这种事情只是偶尔发生也不算什么大问题，如果经常这样就要想办法了，不能总这么惯着它。宠爱宝贝的主人可能会觉得这样也没有什么大不了的，但是积累到一定程度以后就会出现比较离谱的恶习，如果一直都是它想吃东西的时候就给它做好，它可能每次一接近饭点就跑到房门口疯狂地吠叫，一直等到您最后把食盆端过来为止。因此我们要对它这种索要的行为及时予以纠正。

训练步骤：我们曾经数次提到，狗狗总是从成功的经验中学习。如果狗狗坚持不停地大声吠叫，而为了让它赶紧停止您也许会冲进厨房赶快给它做好吃的。这样一来狗狗就知道了这种方法可以达到它想要的目的，因此如果它以这种极端的方式索要食物，请您不要理它。

▶ 到了饭点，狗狗上蹿下跳，开始乱叫，这时候请您稳稳地坐在桌边看报纸，不要理会它。狗狗这时就会像右边图中那样垂下头来，因为它知道自己的行为已经无法达成想要的结果。

▶ 请您用眼角的余光留意观察，如果狗狗不再关注您和食物，而是安静地趴在一边，或者找了个玩具独自玩耍，请您先等一会儿，然后再去厨房做饭，这样它就不会认为您去厨房是因为它之前一直在索要和喊叫的缘故。

▶ 您在准备过程中如果听到它又开始闹腾，马上从厨房出来，重新坐到桌边拿起报纸看。无论是您刚开始走进厨房做饭还是已经做好了端上来，整个过程中只要它开始乱叫乱闹，您就坐下来看报纸，不要搭理它。

▶ 做好饭离开厨房之前，请您先把它的食盆放到狗狗够不到的地方。这样的整个流程会让狗狗明白，只有安静地乖乖等待才能得到爱吃的食物。至于您在喂食的过程中要中断几次来教导它，需要根据具体的情况决定，要看狗狗每次吃饭时的表现和闹腾程度。请您坚持贯彻落实，每次喂食都要如此。

重点强调：狗狗在索要食物或做出类似的行为时，请您不要理睬，它的目的就是要吸引您的注意力。如果您一时心软看了一眼，就恰好正中它的下怀。

请注意：如果狗狗开始撒娇耍赖，您坚持不懈的执行力就显得非常重要。如果您不搭理它，为了达到目的，狗狗有可能会变本加厉地折腾。有时候它可能也需要一些时间才能明白您的要求是什么。这个过程是一场拉锯战，请您一定不要中途放弃，如果您不能坚持到底，狗狗所得到的经验就是只要坚持抗争，和您使劲耗下去，最后肯定能达到自己的目的，相信您肯定不会愿意让它产生这样的误解，把小问题变成大问题。

这种方案适用于很多其他情况，比如狗狗希望吸引您（或其他人）的注意力以达成某种目的时。如果它感到无聊，可能会跑到桌子旁边拉您一起玩耍，热情地跑过来扑到某个人身上，或者不停地哼哼唧唧，这些都是它试图吸引别人注意力的表现。

第十章　第7周训练计划

步骤 1　狗狗迫切地索求食物

步骤 2　请您一言不发，离开厨房

步骤 3　请您不要理它，直到狗狗最后平静下来

步骤 4　狗狗现在肯乖乖地坐好等着，这时您再给它食物

如何训练小狗

步骤 1　在有干扰的环境中训练别动

步骤 2　在街上步行跟随您的步伐

步骤 3　在有干扰的环境中训练趴下

根据日常生活设定训练活动

您的宝贝现在已经掌握了所有基础训练的内容，可以很好地与外界沟通，并能够适应喧闹的人群。现在请您将这些内容结合起来，因为这些因素在日常生活中一般不单项出现，不会像在家里或某个特定的安静环境中那样单一且有针对性。

训练步骤：请您像以前一样做好出门的准备，事先让狗狗解决好大小便问题，也可以让它提前活动一下，避免出门的时候活力过剩。不要忘记带上饼干，带着狗狗走人行横道之前先给它一点适应的时间。

▶ 先让狗狗蹲坐在您的身侧，不要蹲太久，这时的干扰因素要比在草地上的时候多一些。如果狗狗适应得很好，请您给它饼干作为奖励，最后不要忘记给出结束训练的信号。

▶ 紧接着您可以训练一下"这边走"的练习，刚一上来距离不要太远，这样狗狗不必集中注意力太久。

▶ 然后可以带它去一个安静的角落，让它在您身侧练习"趴下"。

▶ 一切进展得还算顺利吗？现在请您在一个相对安静的地方训练它坐好别动。进行这项训练时也可以用缩短时间或距离来降低训练难度。

▶ 请您牵着狗狗一起走，让它自觉地跟着您，绳子处于松垂状态。如果狗狗拉拽绳子，就站住别动，等它重新安静下来再继续走（参见第36、37页，训练狗狗不要拉拽绳子）。

第十章　第7周训练计划

步骤1　现在训练狗狗跟着走，暂时不给它饼干

步骤2　在走路的过程中给它奖励

没有饼干奖励时训练步行跟随

在有饼干作奖励的条件下，您的狗狗可以很好地完成步行跟随的训练了（参见第50页），现在请您把饼干从训练中去掉。

训练步骤：狗狗现在已经了解，如果乖乖地跟在您身边专心跟着走，完成训练之后就会有奖励。训练去掉奖励的开始阶段请您让它有个缓冲和心理准备，也就是说您先像往常一样带上些饼干，牵着它走一小段路，让它坐下来，给它吃一块饼干，然后把手插进装饼干的口袋里。狗宝贝会用期盼的眼神望着您，请您发出口令"这边走"，然后像以前的训练一样前进。一起走出几步之后，请您从口袋里掏出一块饼干给狗狗，现在我们仍旧对它紧紧跟随的行为给予奖励。

请您先让它坐下，然后再重新开始前进的步伐，这样可以让它更好地集中注意力。再出发时请您把手插在口袋里，慢慢延长练习的距离，保证狗狗一直专心地跟在您的身边，而且坚持的时间越来越长。

请注意：请您在不受干扰的环境之中练习，如果狗狗在跟随的过程中分心了，请您拿着饼干直接走开，然后把饼干塞进口袋。只是把饼干举高而不放进口袋是不行的，您不要让狗狗看见，它必须在没有饼干奖励的时候也能跟着走，而且如果您只是把饼干举高的话，会引导它会跳起来努力够的。请您务必注意自己的肢体语言！一定要果决有力，这会让您的狗狗感到信服。如果您犹豫不决，甚至有意等着狗狗，看它是不是跟了上来，您的威信就会下降，狗狗也不会顺服，它会变得更加傲娇，赖在原地不动，或者索性去看自己更感兴趣的东西。

第十一章　第8周训练计划

狗狗现在已经四个月大啦！它成长过程中的社会化阶段已经接近尾声，这一段时间中的经历和记忆对其一生都有着深远的影响，当然在以后的生活中它还是会继续学习之旅。现在狗狗正在换牙中，这说明它已经从幼儿期过渡到青春期，外观上也已经长开，从一个毛茸茸的小宝贝长成了瘦长的大狗。

回顾之前的成长

过去的几个星期您是否对狗狗进行了有针对性的训练？可能您会觉得在每天繁忙的日程中还要兼顾它的训练并不容易，有时候在训练时也不能做到尽善尽美。请您放宽心，很多人都是这样的，每个人都会犯错。如果您的训练内容还没有进展到我们要求的进度也没有问题，俗话说欲速则不达，训练一定要夯实基础，如果低层次的训练内容还没掌握，不要急着进行拓展训练。不过到了现在，有两项训练应该能达到"较高水平"了。

听到口令或哨声过来

狗狗现在应该至少可以做到，在无干扰或轻度干扰的环境中（无论环境是陌生还是熟悉）听到您的口令或哨声能够径直跑过来，然后坐下来等您奖励。请您不要轻易冒险，做出一些不在训练范围内的出格举动，因为狗狗已经学到的东西可能会因为受到误导而荒废。也就是说如果您在训练过程中不能按照正确的步骤执行，那么之前的努力也会付诸流水。

情感联系

狗狗需要和您建立深厚的感情，在生活中愿意听从您的指示，凡事唯您马首是瞻。走路的时候它要自觉地紧跟着您的脚步，拐弯时也不含糊。以后练得久了，也可以允许它走在您的前面，现在只让它跟在后面。

请您继续通过一起散步、肢体接触等方式培养您和狗狗的感情联系，不要忘记同时树立主人的权威。如果某些原则对您来说非常重要，请您一定要坚持。

狗狗和你的情感联系一般不会表现在训练过程中，而是体现在日常生活的种种细节中，在您照顾和抚养它的时候，比如它允许您端走食盆，遵循您教导的规定和禁令，按照您制定的作息时间表定时休息，现在它也慢慢长成大狗了，这些东西应该也习惯得差不多了。不要小看生活中的这些细节，它们是您与狗狗和谐生活的前提。

巩固以前的学习成果

之前的两个月里您已经教导了狗狗很多东西，这些训练是之后一起愉快生活的重要基础。如果现在您的训练进展顺利、成绩斐然，一定不要骄傲地认为从此可以坐享其成。恰恰相反，您要经常重复之前的训练，巩固已经学到的内容，然后在基础训练扎实的前提下逐步进行扩展训练。

请您认识到训练中的薄弱之处

有时候就算我们努力地好好训练，按部就班严格遵守，训练还是会因为一些意外因素而遭到"破坏"。比如家里的老奶奶或是小孩子可能明知道我们已经规定了不

第十一章 第8周训练计划

许狗狗在桌边吃饭，却还是喜欢这么做；如果您家有一个坐宝宝椅吃饭的小宝贝，吃饭时总喜欢把食物推到一边去，如果食物从他的小桌沿上掉下来，可能很快就被狗狗捡走吃掉，这些做法都会坏了"规矩"。这时请您把狗狗放进笼子里，或者拴在什么地方，不让它有机会"捡便宜"。

孩子们在训练狗狗时和您的做法大相径庭？请您告诉孩子们如果要训练狗狗的话不能乱来，您可以教给他们正确的练习方法。如果他们掌握不好分寸就单纯地陪狗狗玩玩，比如说给孩子们一个两端开口的纸箱子，让他们看着狗狗从中间爬过去，这样的办法可以满足孩子们的游戏需求，对您的训练也没有什么影响。

有些时候即使您知道某些环节仍有待完善，并且为此付出了努力，也不能将其完全导入正轨，请您不要轻易放弃，暂时的缺陷并不代表什么，您要坚持不懈地训练和改进，早晚会让狗狗自觉地按照您的要求行事。

训练的持续性

现在我们已经通过各种奖励方式吸引狗狗积极配合，进行了多种训练。前文也介绍过如何对奖励的时机和方式进行适当的调整。现在我们不需要每次训练之前拿奖品作为鼓励，甚至就算圆满完成训练也不一定会有奖励时狗狗也会听从您的口令。请您注意一点，不要过多地重复指令，如果它没有及时做出动作，最多说两次。如果它还是不服从指令，请您就以下几条仔细考虑一下。

▶ 狗狗是否能够接收您的信号并理解您的命令？请在它注视着您的时候给出信号。

▶ 您自己在训练时是否也不大专心，脑子里想着别的东西？这样您是没法好好训练的。请您务必腾出时间来

学习时间表

第8周训练主题

回顾之前的成长
请您认识到训练中的薄弱之处
训练的持续性
狗狗的啃咬习惯

训练活动	训练频率
追逐其他动物	一直，如果情况需要
单独活动的拓展训练	每周多次
夸赞的表达	训练表现良好时，连续两周
在狗狗做游戏时喊它过来	时机允许时
训练狗狗下车时学会等待	尽可能抓住所有训练机会

专心训练，不要在心事重重或有压力的时候训练。

▶ 您的口令或信号听起来是一种什么效果？是否简洁有力，可以让狗狗准确清楚地理解并有让它执行的果断威严？还是听起来没有底气，像是一个请求，或更像一个问句？

▶ 您的语音语调是否平缓有力？还是显得匆忙而紧张？这种情绪上的紧张感在训练时会传递给您的宝贝。

▶ 您的肢体语言是否清楚有力？还是您显得局促不安，举棋不定？

如何训练小狗

- 您确实是在它完成要求的动作后再给它奖励吗?还是在它应该趴着但其实已经坐下的时候给它奖励了?或者它本来应该坐着,但是跑过来找您的时候也奖励它了?
- 周边的干扰因素是不是太多了?
- 它确实已经掌握这项练习了吗?

请您根据上述几点检查并优化训练过程。如果狗狗不能完成某个指令,不要急着进行拓展训练,而是要继续加强和巩固基础训练,先把简单层次的练习做好,才能为将来的训练打好基础。如果它无法执行某项基础训练的口令,您就先让它到一边进行别的训练,它就会知道您这是对它妥协,以后听见口令的时候可以随自己的心意,想不做就可以不做。

狗狗的啃咬习惯

您有没有发觉狗狗现在越来越喜欢啃咬东西,可能还会啃咬一些它平时并不感兴趣的物品。我们之前提到过,狗狗正处在换牙期,啃咬的习惯会更加严重。请您定时陪它做身体检查训练,在您为它检查牙齿时应该会注意到它新长出来的牙。

请您经常去宠物用品店为它买一些可以啃咬的东西,比如狗咬胶、牛皮卷或其他适合啃咬的玩具。如果它总

训练狗狗的服从性,可以选择有其他追逐能力更强的动物在场时进行,帮助控制狗狗

爱违反规定，啃咬某种不该碰的东西，请您把这个东西拿走，不要让它有机会接触到。

换牙期间您有可能会在它啃过的东西上面发现血迹。您不必为此感到忧虑，这只不过说明它又掉了一颗牙而已。平时您很难发现狗狗掉落的牙齿，它们经常是被狗狗混着食物一起吃掉或者在啃咬某个东西时被狗狗吞到了肚子里。

请您经常检查狗狗的牙齿，如果有颗乳牙一星期都没有掉落，而新的牙齿已经长出，这时请您带它去看兽医，让他帮狗狗把牙拔掉。

追逐其他动物

每个狗狗都或多或少有追逐猎物的本能，这种"兴趣"在成长的过程中逐渐凸显。看着狗狗在草地上东奔西跑地追鸭子撵鸡，或者上蹿下跳地招惹喵星人，您可能会觉得好笑，但是这时候我们应该采取的正确做法是：阻止它！

训练步骤：通过之前的了解我们应该已经知道狗狗爱玩的玩具，找一个它平时特别喜欢但很少有机会可以玩到的东西作为诱饵，要紧关头可以用来分散狗狗的注意力，这样它就会忘记要去招惹是非了。

- 如果您的狗狗已经发现了目标，比如麻雀、猫咪、山羊或其他动物，正蠢蠢欲动。请您先让它看过来，用词要简洁，声音要铿锵有力。如果您每次做游戏开始时都要给它一个信号，现在也是使用这个信号的好时机。
- 如果狗狗把目光投向您，请您挥舞手中准备好的玩具，从狗狗身边跑开。等它来到您的身边时，要么和狗狗做抢玩具的拔河游戏，要么把玩具向与目标猎物相反

狗狗从幼儿期过渡到青春期的时候游戏和与人的肢体接触是非常重要的

请您经常给狗狗一些可以啃咬的东西，换牙期间尤其如此，这样会起到"保护"家具的作用

的方向扔出去，这样相对于跑去追赶猎物而言，狗狗又多了一个充满诱惑的选择。

▶ 您的狗狗对玩具并不感冒，只是一个简单纯粹的吃货？那您就不要扔玩具了，还是扔点饼干吧。

▶ 它已经在跑去撒野的路上了？那么您就立刻转身，迅速走开，走到一边或躲在灌木丛中。狗狗一直以来的习惯是要紧跟着您，它肯定什么时候会想起这事来的。如果等它回想起来的时候您已经走出了它的视线范围，不得不说这可真是寸到家了，不过您可以弄出一些动静，让它找到您藏身的地方。这种经历对它的成长也是很有益处的。

拓展训练：如果您的狗狗在一喊即到的训练中表现完美，您也可以趁着它把目光转过来的时候直接用"这里"的口令或哨音喊它过来。然后在它过来的时候您也像上面一样跑走。请注意，如果您真的要使用这种方式，心中必须十分笃定它一定会执行口令，要出手必成功，所以这种方法还是宁缺毋滥的好。

单独活动的拓展训练

我们在之前的几个星期里已经训练过狗狗单独活动（参见第46页）。现在狗狗应该可以接受您不在身边的情况，能够自己在家单独待两个小时左右。请您现在延长一下让它独处的时间，有的狗狗可能适应得比较快，有的则相对慢一些。这种训练的一个好处就是狗狗会习惯这种自己单独待着的氛围，即使家里有时候比较吵闹，也能保持规律性的休息时间（参见第74页）。

在狗狗独自活动之前，请您注意让它解决好大小便问题，并在此之前充分活动，消耗精力。您可以像平时那样把它放在笼子里，但是您要重新衡量一下笼子现在是否还足够大。狗狗已经慢慢长大了，待在笼子里空间还够吗？小窝还舒服吗？要保证它在里面仍然可以活动自由，能够四肢舒展地躺下来。

如果您必须离开好几个小时，建议您把宝贝带到朋友或邻居家委托照看，或者让他们来您家里也可以。这么长的时间不能留狗狗单独在家，这样可能会出现一些

当狗狗吃饭的时候，您可以把它拴住，但是如果您要出门，千万不要把它这么拴着留在家中

问题，也会影响以后进行单独活动的训练。现在还是要小心谨慎一些，这些付出都是值得的，您以后就会知道。

请注意： 某些家庭可能不需要让狗狗单独活动，一般情况下家里都会有人或者其他的狗狗作伴。但我们仍然建议您按照要求训练它单独活动，说不定以后就会用到。如果狗狗从来没有接受过这种练习，以后万一遇到这种情况就会有麻烦，而且一时半会儿很难解决。

夸赞的表达

如果狗狗在训练中表现良好，要给它好吃的饼干作为奖励，在此之前可以夸赞它一下。我们可以找一个固定的表达，等它慢慢听习惯以后就会知道这句夸赞代表着一会儿就有饼干吃了。

请您确定一种合适的表达，这句话必须是一般情况下您和其他人都不会使用的，比如说"好极了""真棒"。

训练步骤： 准备一些小饼干，然后带狗狗进入一个安静的房间。

▶ 请您在每次给它吃饼干的同时说出您之前确定用于夸赞的话，每次训练重复练习五到十次，每天训练两三回。大概两天之后狗狗自己就会慢慢知道，如果主人说了这句话，代表我做得很好，马上就要有奖励了。

▶ 经过这样几天的练习之后，您就可以试验一下狗狗对这个信号的反映了。如果它正好在您身边不远处，也没有做什么值得称赞的事，这时请您说出夸赞的信号，如果它用期盼的眼神望着您，那就说明我们的训练已见成效，它知道这种表达的意义了。但是这种试验只来一次就好，我们之后还会用到这个信号的。

 提示板

身体检查训练的拓展

之前我们讲过对狗狗要经常进行身体检查训练，现在的狗狗应该达到可以让您随时都可以触碰身体各个部位的程度。请您继续让周围的亲友们也着手进行这项训练，但要求对方必须有一颗爱护狗狗的善良之心。他们进行训练的时候不一定要求可以碰触所有部位，如果达到能够控制某些身体重要部位的程度就可以了，比如可以抓住它的耳朵、爪子、牙齿或身上的毛皮。您还应该把它带到兽医诊所去认认门，让它习惯医生们的碰触，不要等到真正需要看病的时候才匆忙上手。这样的训练是为了应对您临时有事，必须委托别人照顾狗狗的情况，比如说您不在场时，狗狗意外掉进了坑里，爪子里进了一根刺，这时就需要有人帮它把刺给挑出来。

请注意： 您在给出这种夸赞的时候不必使用兴奋或热情的语调，我们并不是要调动狗狗的情绪，否则狗狗就会把夸赞的信号单纯地理解为"快来，有饼干吃！"。

一定要注意控制时间点，请您把饼干拿好，等到夸赞的信号说完以后再把饼干给它。

如何训练小狗

步骤 1　要让狗狗看过来

步骤 2　放它去和小伙伴一起玩耍

在狗狗做游戏时喊它过来

如果有机会能够和小伙伴们一起玩耍，狗狗一定会感到非常高兴。但是重要的一点是，在这个时候它也必须听从您的命令，只有得到您的准许后它才能过去找其他狗狗，至少在套着绳子时要做到乖乖听话。玩耍总会有结束的时候，但是这个时间点不是狗狗自己决定的，不能等到什么时候它玩够了，而是由您来决定，您想什么时候结束就喊它过来。之前我们已经多次练习过一喊即到，并且在轻微干扰环境中也进行过拓展训练。现在我们就来训练一下，在狗狗陶醉在游戏中时喊它过来。

训练步骤： 附近出现了一条狗狗，属于您家宝贝很想一起玩耍的类型。这时您家的宝贝可能已经套上了绳子，或者无拘无束地站在您的身旁。如果它既没有绳子，位置也比较远，那请您先把它喊过来。

▶ 请您先让狗狗坐下。如果它本来带着绳子，请您帮它把绳子取下，抓好狗狗不让它乱动，如果必要的话，在它坐着的时候抓住它的颈圈。然后请您给出"看这儿"的口令，让它看向您。等它维持状态看一会儿以后再给出结束训练的信号，现在可以允许它去找小伙伴一起玩耍了。

▶ 现在它正玩得兴高采烈，而您想要继续往前走，狗狗得听从口令，从游戏中抽身，跑过来跟随您的步伐。请您先停一会儿观察一下，如果玩耍过程中您的狗狗正被其他的狗狗压制住，这时候喊它是没有什么用处的。因为它正处于受制的状态，有可能根本注意不到您喊了什么。如果它正处于优胜的地位，站在那里想下一步要干什么，甚至正在向您的方向跑过来，那么这时就是您可以发出口令的好时机，而最理想的时刻是它恰好也把目光投向您的时候。您要一直站在它附近几米远的地方，这样狗狗才能注意到您的动向。

▶ 请您抓住合适的时机发出口令，声音要清晰，如果您

98

第十一章　第8周训练计划

步骤 3　小伙伴们在一起,玩得兴高采烈

步骤 4　听到您的呼唤,游戏中的狗狗马上就跑过来

一直训练的是用哨音呼唤,请您像平时训练时一样吹响哨子。其实如果狗狗玩得正在兴头上,哨音的效果会比口令更好。如果狗狗的注意力现在不在您的身上,而您因此并不确定它会不会执行命令,请使用富有煽动性和感染力的语音语调先吸引它的注意力(比如可以说"噢,快来看,这是什么!"之类的语言),待它注意到您并看过来以后再吹哨子或者喊口令,给出信号的同时请您快速跑开。请您务必要抓住它的目光并看准时机给出信号!

▶ 请您在跑开的时候用眼角的余光注意狗狗的动向,它是否跟随着您的步伐。从口袋里掏出一把饼干准备着,等它过来就给它作为奖励。如果做得好,奖励是应得的。

▶ 在它快跑到您身边的时候,请您蹲下来,微笑着等待它,并把饼干给它。需要注意的一点:不要让它风一样地过来叼走饼干就跑掉,要像平常一样吃完就坐好。

步骤 5　请您适时地给它奖励

99

如何训练小狗

下车时训练狗狗学会等待

您有没有觉得这样的场景很熟悉？当您打开后备厢、狗笼子或车门，狗狗立刻风驰电掣地跳出来扑到您的怀抱里，或直接就冲到地上。它的速度和反应能力成长之快，会越来越让您心存顾虑，以至于您常常刚一打开车门就忙不迭地做出了双臂张开的姿势，就是为了要及时接住您的"闪电狗"。

现在请您反思一下，这样做真的好吗？且不说为了保护狗宝宝的关节，不应该让它从车上往下猛跳或猛扑，就算是考虑到它的生命安全，我们也要训练它学会等待，直到您允许或发出指令的时候才从车里出来。

训练的时候要让狗狗知道之前的做法是不对的，同时也要告诉它正确的做法。如果您不能传授给它正确的行事方法，它还是会按照自己认为正确的或者对自己有利的行为方式来采取行动。

训练步骤：现在车子停下了，狗狗就在静止的车子里。

▶ 请您站在车边，打开后备厢（或者车门、笼子）。现在请您注意，如果狗狗露出一点想自己跑出来的迹象，就请您把车门关上。请您一定要快速反应，因为狗狗可能已经习惯了开门就百米冲刺的节奏，您把车门关上的行为可能完全不在它的预料之中，它会有点惊讶，但只能老老实实地待在车里或笼子里。

▶ 接下来请您等一会儿，直到狗狗重新平静下来，然后再次打开车门，现在它还是像之前一样急着往外冲？那就赶快再把车门（笼子或后备厢）关上。

▶ 请您一直重复上述步骤，直到狗狗学会在您打开门之

步骤 1 打开笼子，狗狗急不可耐地想跑出来

步骤 3 现在它知道打开笼子以后要乖乖地等着

第十一章　第8周训练计划

步骤 2　请您及时把笼子关上

步骤 4　现在请您把它抱出来

后不再试图往外跑。这时候请您把狗狗从车里抱出来。
▶ 如果狗狗在您打开车门的时候已经学会等待，请您再加上"坐下"的口令。不要忘了在抱它出来之前给出结束训练的信号。
▶ 即使您已经把它从车里抱了出来，出于安全考虑，还是不能让它随便活动。您最好能训练它习惯在出来以后保持坐下不动的状态。因为乱跑很可能会遇到意料外的危险，比如万一有自行车或其他车辆从一旁驶过的时候，往往会酿成惨剧。请您尽量在安全的区域停车，您的宝贝并没有辨别危险的能力。

请注意：如果您真的是有事情要办，带着狗狗去了什么地方，很可能会因为时间限制没办法进行全部的训练流程，因此请您开始时专门为了训练而制造这样的场景，而不是真的要出门办事。这样在家就可以进行训练，而且时间充足，不必匆忙。

▶ 训练狗狗学会等待的时候不要和它说话，也就是说如果它试图要跑出来时，请您不要说"不行""待着"甚至责备的话。一方面请您要理解，狗狗之前一直都是这种行为习惯，就它的思维模式而言，这么做合情合理，并无任何不妥；另一方面如果您不能控制自己的言语和脾气，反而会影响训练进度，对训练造成负面影响。
▶ 请您保持冷静，不要意气用事。您会惊讶地发现，狗狗很快就学会控制自己，在您打开车门的时候先安静地等待。

出现问题要如何解决

每个狗狗都是独立的个体，就像我们人类一样。宝贝在从幼儿期一路成长的过程中可能会遇到各种各样的问题，这些我们都可以找到解决方法。

狗狗和孩子们的相处

问题情况描述：我们家的两个孩子分别是八岁和九岁，他俩想学我和孩子爸爸一样训练狗狗，但是小家伙并不配合，它会跳到孩子们身上，又抓又咬，几乎难以控制。请问您有什么好的建议？

原因和解决办法：就在不久之前我家里也多了一只性情活泼的狗宝贝，我九岁的女儿和孩子的妈妈都兴奋不已，一定要抢着训练这个可爱的小东西。但是狗狗经常不会严肃认真地把孩子们当成主人，因为孩子们在训练时不能像成年的训练者一样清楚而威严地表达。所以即使孩子们非常喜爱狗狗，这种不确定性在训练过程中也具有一定的破坏性，尤其是当狗狗长大一点，跟孩子相比已经颇具力量的时候。这样的相处模式会让孩子感到力不从心，因而变得急躁，比如说一再大声重复地喊口令"坐下！坐下！快坐下！"并且在喊话的过程中容易使用尖锐急促的语调，这样的指令会激起狗狗的情绪，比如说孩子挥舞着胳膊，尖声喊叫着"出去，出去！"这会让狗狗兴奋起来，跳起来扑到孩子的身上。如果不能及时控制它，甚至还会发展得比较严重，比如出现对孩子又抓又咬等行为。

▶ 请您建议孩子们等狗狗尽兴地玩耍之后再进行训练，这时孩子在训练过程中会比较顺利，自己也会比较自信，能够更好地模仿您的训练方式。

▶ 如果您的狗狗已经完全失去了控制，请您先让它休息一会儿，暂时停止训练，这期间孩子也会慢慢平静下来。

▶ 无论孩子还是狗狗都对比赛跑步这项活动有一种特别的兴趣。如果孩子和狗狗一起奔跑，孩子欢乐地跑在狗狗前面，还带点炫耀地高声叫喊，这时狗狗可能会被激起胜负心，追上来咬住孩子的衣服或腿部。这个时候需要您用其他东西来转移狗狗的注意力，比如扔一个球出去，让狗狗追着球跑，它就不会一直追着孩子了。

对同类感到害怕

问题情况描述：我们的狗狗只要一见到其他狗狗就害怕，这是什么原因引起的呢？我们又该做些什么？

原因和解决办法：如果您的狗狗见到同类时感受到压力和恐惧，在最坏的情况下它可能会因为害怕而表现出攻击性，而这种恐惧感产生的原因是多种多样的。

- 您在遇到其他狗狗的时候会感到害怕吗？如果答案是肯定的，那么您家狗狗可能是受到了您不安情绪的影响。请您在遇到其他狗狗时保持放松和平静，如果这对您来说很难做到，就请您找一个相熟的也在养狗的朋友，熟悉又温顺的狗狗应该可以消除您的恐惧感。
- 如果您带宝贝参加了一个狗狗集体活动社团，但是宝贝被其他大家伙们欺负了，而组织者本着自然放养、一切让狗狗们自行处理的原则没有及时进行干预，很有可能也会造成宝贝对同类的恐惧心理。就算它没有被虐的经历，如果一个团体里狗狗的数目太多或者其中有比较粗鲁蛮横的家伙，宝贝也有可能对同类产生畏惧。如果是出于这种原因，请您带狗狗离开这个团体。
- 请您换到一个规模小点的狗狗社团，社团里最好也有其他胆怯腼腆、小于16周的小宝贝。有活动安排或发生意外情况时组织者要能够协助解决。刚开始的时候为宝贝找一个相对安静温和的玩伴，当着狗狗的面和它的小伙伴们玩耍，用事实告诉它不需要感到害怕。这样慢慢地调整，您的宝贝会慢慢重新恢复对同类的信任。
- 您认识的熟人圈子里有没有谁养了一只温和亲切的可爱宝贝，请你经常带着自家狗狗找小伙伴玩耍，它会慢慢打消疑虑，不再盲目恐惧。

狗狗发出"抗议"

问题情况描述：我们的狗狗变得越来越没有礼貌，行为粗暴，经常对着我们狂吠，甚至如果我们在它太吵闹的时候制止它，它还会抓人、咬人。我们怎么做才能教好它？

原因和解决办法：请您审视一下自己的行为，弄明白狗狗到底想要表达什么信息。

- 您有没有这样骂它："喂，你又要干什么呢？不要这么做！"或者"能不能安静一会儿！"这种交流方式是有问题的。这对狗狗来说是一种又长又空的表达，它不能从中提取有效的信息，除了知道您已经生气了，对它发火了，其他情况一概不懂。如果宝贝比较温顺敏感可能会感到害怕，然后偷偷溜走，但是它还是不能明白您到底想让它做什么。
- 如果是一只个性比较强的狗狗，可能就会表达自己的"抗议"，会像您一样生气和恼怒，这样只会把事情越弄越糟。因此请您时刻注意自己的表达方式，无论语言还是肢体动作都要保持冷静、客观、清晰、简洁。
- 如果狗狗是因为过度疲劳，请您给它休息的时间，它会自己安静下来。
- 如果它常常乱咬不该碰的东西，而您因此需要时时纠正它的啃咬习惯，这也会引发狗狗的"抗议"，请您检查家里的布置，尽量减少它乱咬东西的机会。

第三部分
直至狗狗1岁：对青春期狗狗的后续训练

　　一段新的成长期开始了！长到16周大的时候狗狗的幼儿期就已结束，刚开始时那个柔弱无助的小宝贝现在已经慢慢长成独立的大狗狗了，而且还会继续成长直到成年。以后仍有很长的时间可以让它学习和长大，当然作为主人的您也是如此。

　　您在狗狗幼儿期的表现怎么样，是否是一个称职的主人呢？之后的日子里我们会看到您以前的训练成果，您对它而言是否成了领导者的角色，是否已经赢得了狗狗的尊重和信任，能否给它指引和安全感。如果您在它的幼儿时期已经打好了牢固的训练基础，那么我们现在的训练就不会出现什么大问题，这也是我们之前一直强调基础训练的原因。

第十二章　新的成长阶段

训练是一个循序渐进的过程

　　幼儿期的八周密集强化训练已经结束，下面的章节中讲到的内容将会指引和陪伴您和宝贝度过接下来的八个月。我们把这段内容分成四个大的章节，每章讲述两个月的训练进程，与第一部分不同，这些章节中的训练内容是严格按照狗狗的成长阶段设计的。

以之前的训练成果为基础

　　在之前的幼儿期中您已经为狗狗的培养教育奠定了基础，现在我们要以此为基础继续进行加强和拓展，等到狗狗1岁大时就可以完成整套训练流程，这样它应该就可以陪伴您日常生活了。现在狗狗已经比以前成熟，可以很快地调动起积极性，长时间地集中注意力在需要做的事情上，所以我们现在可以延长一下训练时间或对训练内容进行一些拓展。在这个过程中，请您一如往常地坚持按部就班、循序渐进的原则，待基础性的训练纯熟之后再慢慢增加训练难度。

未来的生活

　　就算狗狗长到了1岁，也并不意味着对它的培养教育已经完结。我们要不停地温故知新，经常练习以前的训练内容，要不然已经学到的技能也会被时间的流水冲蚀。不管是在家里还是在外面，狗狗都是我们生活中始终不变的陪伴，我们一直都在和它进行交流和互动，这也是和它一起生活的日子里最美妙和温馨的地方。

巩固感情联系

　　除此之外，请您注意巩固您和狗狗之间的感情联系。狗狗天生有一种追随的本能，尤其是当它们必须无依无靠地生活在自然界中时，这种本能往往攸关生死。之前我们在培养和训练的时候也有意或无意地借助过它的这种本能，然而现在或不久的以后，这种追随的习惯会慢慢消退。不过基于我们之前长久的训练，它仍然会时刻注意不离开主人的身边，只是它现在已经不需要像幼儿期那样一直跟在您的身后，有可能会跑到您的前面，因为它自己也知道该怎么走或者如何拐弯。我们对它的要求是不要离开太远，维持在一个相对稳定的活动范围以内，并且要能够时时关注您的动向。

　　树立和保持您的权威在将来的训练及生活中也是非常关键的，甚至比之前更加重要，因为成长中的狗狗总是会一再对您的"领导地位"提出挑战（参见第110页）。肢体上的接触、互动游戏、行为准则和禁令等等都会继续巩固您和狗狗之间的感情联系，同时加强您作为主人的角色定位。

对待狗狗的态度

　　在过去的几个月里您对如何与狗狗相处已经相当熟悉了，知道它的脾气秉性如何以及什么情况下会做出怎样的反应等。您是不是也有这种体会，相对而言它更容易接受某些纪律和规定？尤其是现在，狗狗的独立性正日益增强，会时不时地挑战您的领导地位，很多时候这都与您的心态有关。

种群内的交流方式

狗狗和狼同属犬科哺乳动物,它们在同种群之内的交流是通过动作完成的,也就是说不是通过声音,而是通过许多微小的细节传递出身体语言的某些讯号。经过长久以来的驯化,与狼相比狗狗的表达方式已经发生了变化,而且也没有那么细致,但是狗狗和其他小伙伴之间主要的交流渠道仍是身体语言。

人与狗之间的交流

正如上文所言,当我们和宝贝交流时,肢体语言也是一种非常重要的表达方式,要有目的、有针对性地使用。但是您真的通过肢体语言表达了您想要表达的信息吗?绝对不是,因为有的时候您完全意识不到某些动作或行为对狗狗而言会隐含哪些信息。这也是为什么很多时候狗狗接收的信息会与主人的原意大相径庭的原因,而最后的结果就是狗狗做的事情完全不符合您的意图,和您期待的反应相差甚远。

我们举一个例子来说明一下:您现在训练狗狗在吃饭时等待,即使食盆已经准备好也要等您的口令,但是狗狗的表现并不尽如人意,它没有如预期一样听话。这说明您应该表现得更为果断、有魄力,这样才更有让它服从命令的"说服力"。如果您的肢体动作拖沓绵软、有气无力,表情淡漠、缺乏影响力,语调平泛甚至带有些许犹疑,这都可能是它不认真对待的原因。狗狗等待的耐心会减少,它可能慢慢"放肆"起来,只是象征性地乖乖坐一小会儿,而目的只是为了能够尽快吃到东西。

我们要把上面的种种表现列为反面例子,要做到行动坚决果断,肢体动作干净利落、不拖泥带水,表情严肃、有主人的威严,声音铿锵有力,说话简洁明了,这样才能树立起您作为主人的光辉形象。请您在狗狗不在场的时候预先排练一番如何操作,再开始真正的实践,自己观察和对比两者之间有没有什么差别。

这只不过是一个例子,我们只是为了说明在和狗狗打交道时,主人坚定强大的内心是非常重要的,尤其在您需要和狗狗交流或对它发号施令的时候,它会通过细节敏感地察觉到您的态度。

主人是狗狗的首领

狗狗是一种群居动物,它天性喜欢信任和依赖其他强大的生物。在自然界的生活中种群内有一个强者便可以保护整个群体。您替它规划生活,给它食物,为它立好规矩,这对于狗狗而言都是正面的教育。您为它提供庇护,使它远离危险,同时享有作为主人的主导权。长此以往,它会以您为首,信任和依赖您。

如果首领缺席,整个群体就会变得混乱无章,人人自危,狗狗的圈子也是如此。最后它只能凭借自己的能力判断,做自己认为对的事,才能继续生存下去。因此,狗狗成长中的青春期您更需要多加留意,在它变得日益独立的时候不要放松,巩固自己作为主人的群体地位,您需要展现出比以往更成熟果断的情商和游刃有余的办事能力。

检查清单

狗狗的健康情况调查表

您当然希望宝贝可以一直健康快乐地陪在您身边,但是它是不是真的感到非常舒服呢?您怎么辨别它的状态是好还是不好?一个重要的原则就是,了解狗狗的习性,不要把它当成人来对待。如果您把它当成人来对待,不仅会给它造成负担,还会引起诸多误解。怎样让您的宝贝过上舒适的生活呢,我们列举出了以下几个方面。

● 这样做会给您的狗狗带来幸福感

▶ 不要一直把它关在笼子里,要让它可以和伙伴们充分地接触。
▶ 作为主人要恩威并施,能够给狗狗指引、信赖和安全感。
▶ 规律作息,每天要给狗狗充分的休息和睡眠时间。
▶ 通过肢体接触经常和它交流,比如轻柔的抚摸,给它挠痒痒,挠挠它的耳朵、背、肚子,捏捏它的脸,或者躺下来靠在一起。具体采取什么方式完全看您和狗狗的相处模式和它的喜好。
▶ 经常和狗狗互动玩耍。
▶ 按时给它喂水喂饭。
▶ 每天给它自由活动的时间,让它出去自己熟悉周边环境。
▶ 通过某些精心设计的活动安排,比如计划一次内容丰富的旅行等,让狗狗精神上也能得到训练。
▶ 通过运动锻炼狗狗的体力,但要注意运动量与狗狗的生长阶段相适宜。
▶ 让狗狗时不时地接触同类。

● 它过得舒服的表现

▶ 饮食正常。
▶ 情绪稳定、平衡、愉悦。
▶ 想往主人身边凑,喜欢待在您的近旁,但并不过分纠缠。

● 这样做狗狗不喜欢

▶ 家里总是人声鼎沸。
▶ 不给它自由,狗狗总是生活在绳子的束缚中。
▶ 主人的情绪变化无常,让狗狗百思不得其解。
▶ 人们在和狗狗打交道的时候表现得急躁、不安、没有耐性。
▶ 对狗狗给予了太多关注,总是不停地拥抱或抚摸它。
▶ 说话的时候声如蚊蚋或过于吵嚷。
▶ 安排过多活动或命令,不给它自主休息或独处的空间。

● 如果它感到不适,会有这样的表现

▶ 狗狗表现得烦躁不安,神经紧张。
▶ 过于多动,不能平静下来。
▶ 从身体语言上来看,畏首畏尾,流露出紧张害怕的情绪。
▶ 皮毛无光泽,长皮屑或皮癣。
▶ 经常出现转位行为(在冲突情况下突发的与实际情况无关的过激反应)或有频频争斗的前兆。
▶ 狗狗突然不愿意定时定点大小便,或者突然爆发出破坏欲。
▶ 表现得过于卑顺。
▶ 过于讲究身体卫生,整洁成癖。

如何训练小狗

狗狗在青春期会有哪些变化

直到狗狗满1岁之前，它的成长还在继续。它们的祖先——野外生活的狼在这一成长期已经开始一起跟随狼群长途跋涉了，年轻的小狼要学着熟悉自然界的生存环境，练习追捕猎物，以便为以后的生活做准备。这时的狗宝贝也开始对周边环境流露出越来越浓厚的兴趣，并且不再像小时候那样一直"黏"在您的身边。它对于周围环境的探索欲会越来越强，总是跃跃欲试地要去看一看、闯一闯。

1 身体上的发育

您会发现狗狗在这一时期外观上出现了显著的变化。娇憨稚拙的样子已经褪去，长成了身体瘦长的半大狗狗，也许它的生长过程不一定保持匀速，有时候看起来还是略显稚嫩。现在它在走路的时候已经不再有当初笨拙缓慢的影子，而是保持快速（当然速度还是要看狗狗的性格和肢体的灵活性）、稳健的步伐。它的活动范围也在慢慢扩大。幼儿期我们和它培养情感联系，训练它跟随左右，现在正是看到训练成果的时候。狗狗的力量会越来

继续巩固和狗狗的情感联系是在它青春期非常重要的训练内容

越强大。如果我们之前没有认真对待狗狗拉拽绳子的恶习，在萌芽时期消灭这种坏毛病，那么随着它越长越大，狗狗和人之间就会时常出现"拔河比赛"，因为它的力量已经可以对您形成牵制了。

宝贝现在正处在精力充沛、好奇心旺盛的时期，它的体力和耐力与幼儿期相比已然不可同日而语，因此在这几个月中您可以延长散步时的距离，第九个月时散步时间可以延至一个小时，这段时间尚在它的承受范围内，并不会让您的狗狗过度疲劳。不过我们所说的只是带它一起走路，并不包括某些体力消耗比较大的活动内容，比如让狗狗跨越障碍物，让它从后备厢跳到地上等动作。如果您经常慢跑，从第八个月开始就可以让狗狗跟着您一起跑一段路（请注意控制，保持适宜速度），但是请注意不要一次性跑超过几公里，也不要速度太快。

2 性成熟

大部分狗狗在半岁以后开始性发育，体型较为小只的品种比"大块头"的小伙伴们发育得更早。也就是说，同样都是狗狗，有些相对比较早熟，有些则大概要等到一岁生日才能达到性成熟。雄性狗狗对异性一直都是保持虎视眈眈的状态，而雌性狗狗只在发情期有求偶意愿和受孕可能。

狗狗对事物的兴趣越来越宽泛，于是常常会假装听不到您的指令

雄性狗狗的性成熟

如果您发现雄性狗狗在排尿时试图抬起后腿,这是它开始走向性成熟的一个明显标志。这个动作"难度系数"略高,需要狗狗兼顾身体平衡,刚开始不会轻易成功,这时候经常能看到一些让人捧腹的有趣场面,请您不要错过哦。

等到它已经熟练掌握动作要领之后,您会发现它不会一次性解决小便问题,而是在不同的地方都要留下一点"到此一游"的痕迹,它其实是想借助尿液的气味留下一种讯息。与此同时,狗狗对其他伙伴的排泄物也越来越留意,经常会到处嗅。如果它并不是在训练或执行口令的过程中,而是在自由活动期间到处走走嗅嗅,这种行为是非常正常的生理现象。

如果我们要带狗狗出门去人群较密集的区域,不要放任它到处撒尿或乱闻。最起码您可以用绳子牵着它走,不要让它乱跑。试想一下,如果您带着狗狗走在市中心或居民小区,它边走边在各处墙角屋檐和别人的篱笆前跷腿"留念",想必是非常尴尬甚至惹人厌烦的。如果遇到同性伙伴可能会引起它的竞技心理,而异性伙伴则会吸引它做出求偶的举动。

这一时期狗狗仍然热衷于和伙伴们一起玩耍,然而这仍然是一个互相试探彼此相处底线的过程。对于其他的雄性同类而言,现在您的狗狗(如果是雄性)不是一个可爱的萌宝,而是一个竞争对手("情敌")。您会清楚地看到狗狗在对待同性伙伴和异性伙伴之间的明显差异,它的"爱情意识"正在苏醒。至于狗狗具体会做出哪些举动,荷尔蒙多少是支配行为的一个重要因素,这同时也与狗狗的品种有一定关联。

如果在路上碰到其他狗狗您应该要怎么做呢?详细步骤我们会在第142页具体描述。请您务必记住,只要您家的雄性狗狗开始抬起后腿撒尿,即使它看起来很小,其实也已经具备了生殖能力。尤其在遇到雌性狗狗时,请您一定要提醒自己这一点。

很多狗狗在性发育期会缺乏安全感,请您注意这方面的引导,我们完全可以帮它摆脱困扰

雌性狗狗的性成熟

随着第一次发情的来临,雌性狗狗开始迈入性成熟,而此前几周"她"就开始表现出对雄性的兴趣,标志动作也是到处嗅。这一时期请您格外注意保护(雌性)狗狗,让它待在您的身旁,远离危险的雄性,因为雌性狗狗要过一段时间才懂得自我防御,发育初期需要您的看管和照顾。

进入发情期后,雌性狗狗也会通过到处"留念"的方式给异性传递信息,然后不久以后就会交配成功,一般在发情期的中间时段,也就是一周半左右。第一次发情期有可能不是三周,因为初次的话荷尔蒙的分泌不一定规律。有些雌性狗狗在这段时间内可能会表现反常,训练时不能专心,特别磨蹭黏人,和其他同性的伙伴们玩耍时也会出现问题。请您在这一时期不要增加新的训练内容。

发情期的雌性狗狗一定要有人照看，不要随便把它放到花园里。在热血沸腾的雄性狗狗面前，篱笆什么的都不算障碍。千万不要忘记，虽然现在狗狗还小，也完全可能稀里糊涂地就当上了狗妈妈。

3 青春期

结束了幼儿期的狗狗便开始迈进青春期的发育，除了性发育以外大脑构造也发生了变化，这段时期是它一生中的转折性阶段。您会看到它"青春期的叛逆"，发作起来它会丢掉所有已养成的规矩，变得粗鲁无礼。您会看到比起幼儿期的"乖宝宝"形象它的教养已经有了退步。如果您在之前的训练中已经成功树立了一个果断干脆、恩威并施的主人形象，在训练中坚持扎实而系统的练习，一直给它清晰明确的指导，这段"叛逆期"需要花费的力气相对还算较少，因为这时候狗狗已经接纳了您的首领地位，它相信并依赖您，愿意服从您的指令。但是如果之前它曾有过随性妄为并侥幸得逞的经历，比如某次主人发出指令时它顽皮懈怠，没有认真执行，一旦您不慎给它尝过这种甜头，以后它会更加肆意和放纵。

狗狗在发育期具体会如何表现呢？这也和它们的性格有关。温顺听话型的宝贝比起独立自主型的宝贝当然要少费主人许多心思，顽皮又执拗的肯定要闯祸更多。

做出正确的反应

现在正是需要我们用"战略战术"武装自己的时候！请您一定不要让不听命令、擅自行动的狗狗达到目的。比如，如果有个同类小伙伴经过，狗狗正飞奔过去，而这时您刚好想喊它，建议您还是不要喊出口，因为它很可能压根听不到您的声音，还是放它去吧，有些时候要适当地"难得糊涂"一下。换一个说法，您必须确保"口令既出，必当执行"的效果。您必须有足够的把握，一旦给出口令，无论狗狗主观上是否愿意配合，您都可以想办法让它完成动作，软的不行硬的也可。只有这样才能维持口令的有效性和您的威信。举个例子，如果您要为狗狗解开绳子，先让它坐好，取下绳子后仍然握紧颈圈，以免它获得自由后突然忘形，一下子飞跑出去。即使上述情况从未发生，狗狗已经完全熟悉了这一流程，您也不要疏忽大意，在它看过来之前不要松手，小心为上。同理，如果狗狗在等待食物的过程中耐心动摇，请您保持静坐，不要理睬它，直到它重新安静下来为止。在这种情况下请您拿出耐心，从容淡定。如果狗狗还需要遵守其他规定，也请您经常加以巩固练习，不要疏忽荒废。这些练习都需要您进行细致的观察和规划，并非一日之功。

巩固练习

请您经常巩固基础训练，同时进行一些拓展。另外还要注意狗狗进行某项训练时的状态，或许有几天它表现良好，但是过几天又三心二意了。一旦出现这种水平不稳定的状况，请您重新加强基础性的练习。无论如何请您牢记，训练的主动权在您的手中，是由您来决定练习该何时结束，狗狗不能任性地单方面半途而废。

随着它的成长，我们带它出门散步的时间和距离也在不断延长。这个过程中可以有目的性地安排一些活动内容，一方面可以增强训练效果，另一方面也可以为无聊的散步增加一些趣味性。不久之后，宝贝们飞速长大，变得更加独立，很快就会学会自己找乐子。

这样您就可以避免某些不可预见的破坏性因素，专注于教导狗狗的过程之中。下面我们就举两个例子来说明一下。

在有其他狗狗干扰的情况下

狗狗平时肯定有比较玩得来的同类小伙伴，您应该也认识它们的主人吧，我们可以设计一个情节放进练习中。请您提前找另外一个养狗者协助训练，先让他牵着自己的狗狗站在远处。布置好以后请您拿出它最喜欢的玩具引诱它一起玩耍，上钩了？太棒了！休息一下，同时另外一对人狗组合走近一点，缩短距离。

现在距离变短了一些，请您再次拿出玩具邀它玩耍，如果狗狗仍然没有分心，可以让另外一对往返移动。请您根据狗狗的表现调整或中止练习。玩耍时间不宜过长，掌握住火候，否则即便是最爱的游戏它也可能会失去兴趣，眼睛里只看得见小伙伴可就不好了。

小伙伴就在近旁，但是狗狗还能心无旁骛地和您一起玩耍，太棒了

路上的偶遇

走在路上时偶遇熟人然后停下来聊聊天是一件十分快意的事情。这时您肯定不愿意总是分心观察狗狗现在的动态，它有没有跟着路过的跑步者溜走，或者追赶不知从哪儿冒出来的野猫，还是兴高采烈地在泥坑里打滚。这种情况下如果它能安静放松地坐或趴在您的身边就天下太平了。为了达到这种训练效果，我们需要一个助手来模拟情境，刚开始时助手是单独出场的（之后扩大难度会增加一只别的狗狗），这时候干扰因素比较单一，训练处在初级阶段。

请您带着狗狗一起，让它自己跟随或牵着它（绳子处在松垂状态）向路上出现的"熟人"（训练助手）走去。

您和朋友简单地聊几句天，狗狗乖乖地坐在一边

走到彼此还有一段距离时让狗狗停下、坐下或趴下不动，这样做是非常好理解的，并不是每个人都喜欢狗，而保持一定距离对宝贝而言也降低了干扰程度和训练难度。看它坐好或趴好之后等对方慢慢走近。

如果训练中助手也带着一条狗狗，很明显难度增加了。请注意选择这样的"狗助手"时要确保它是一个安静温顺的小家伙，而且完全可以娴熟地应对这样的场景，也就是说它会好好地待着，不会主动招惹您的宝贝。如果可以找到一个高素质的"狗助手"帮助训练，训练宝贝也会变得事半功倍。

结束练习

等您和助手已经面对面接触了一段时间，请您带着狗狗离开，这时训练就自动结束了。如果您之前让狗狗趴下，要先让它坐起来再带它走开。您在离开时要么向左走，要么向右走，您可以经过路上的朋友继续向前，也可以结束接触后转身向后走，请您选择对狗狗而言最不容易出错的路线。

我们假设训练时狗狗坐在您的左侧，请您离开的时候带着它向左转，这样您的位置自然就隔在狗狗和助手之间，而它也就没有机会再和他接触了。如果它还是试图跑过去，请您直接把它挤到一边，不要说"不行"或类似的话，做即可。

我们再来解释一下为什么要向左转而不是向右转。如果您是选择右转，那么您转身以后狗狗和路人中间便出现了空当，它可以不受任何阻碍，直接跳起来扑过去，这时您再想阻止就很困难，而我们进行这项训练的初衷也就完全泡汤了。由此看来，向右转或者从右边绕过路人的做法都存在隐患，为了避免出现不可控的局面，造成功亏一篑的后果，建议大家还是从左边走。

狗狗安静地坐好，您在它面前匀速来回走动，绳子垂落在狗狗正前方的地上

训练狗狗在主人来回移动时保持不动

如果您现在就站在狗狗前面不远处,它可以放松地坐好保持不动,请您以此为基础慢慢延长和它之间的距离,之后我们还要训练它在您来回移动的时候仍然可以保持不动。

训练步骤: 首先请您从延长距离开始,之前我们的距离大概与绳子的长度相近,现在要走得更远一点了,因为我们已经进行过保持不动地训练,所以延长距离不会有太大问题。请您像平时一样走开,拉住绳子然后让其向前方自然垂落,这样如果狗狗在训练过程中想要站起,您可以快步上前踩住地上的绳子,一切还是在您的掌控之中。经过几天的训练之后距离方面已经不是问题,现在我们再扩展难度:您可以来回动起来。

请您像往常一样和狗狗保持一段距离,面对它站好。现在它是否已经放松地坐好了? 现在请您在它面前来回走,不要走得太快,让它觉得缭乱,但保持步伐坚定有力。如果您表现出犹豫或迟疑,会导致它也因为缺乏安全感而站起来。如果您走动的时候它也能像之前一样放松地坐好,走几步之后再转回来,请注意折返之前站立片刻。

等它适应这种训练流程之后,慢慢增加来回往返的距离或者延长走动的时间。如果您往返的单趟距离已经超过了五米,狗狗也可以安静放松地坐好,请您以这段距离为半径按照半圆形路线走动。狗狗这时要保持原地不动的状态,不能跟着您一起转。如果它被这种走动方式干扰,说明训练本身仍需加强。

请注意: 请您在给出"别动"的口令时不要立刻转身或者急切地重复几遍"别动、别动"。这样的行为会传

提示板

和邮递员的接触

邮递员或其他客人来到时常常会引发狗狗的紧张感。如果它不能和来访者进行正常的接触,说明它在与人接触时还是过于紧张,它的压力当然最后还会给主人的正常生活带来负面影响。因此请您训练它熟悉这种社交场合,这往往也是幼儿期中没有顾及的部分,幸好它的看守本能现在还不算强烈,亡羊补牢正是最好的时机。请您让它尽量多和这样的不速之客接触,也可以让客人友好地抚摸它。如果狗狗表现得比较友好,还可以给客人一些饼干喂给狗狗吃,这也是增进感情的好方法。

递给宝贝一种不安全感,它可能真的受到干扰,不能再老老实实地坐好。请您在走开的时候不要着急,如果您要让它坐好不动,请在给出口令之后等待一会儿,看它是否能够平静地在您身边坐好,不能有在地上嗅来嗅去或者在身上挠痒痒之类的动作。在它确实能按照要求放松地坐好后,您才能从它身边走开。

手势信号

如果您要和朋友聊天,同时又想让狗狗趴下,用一

如何训练小狗

步骤 1+2　上图为"坐下",下图为"趴下"

步骤 3+4　上图为"这边走",下图为"别动"

个手势来表达难道不是最实用的方式吗?这么做完全行得通,因为它会时刻观察主人的动态,肯定能够接收到您的手势信号。

训练步骤:之前您在训练狗狗"坐下"和"趴下"时已经对这方面略有涉猎,当时我们在训练中就提到了手势的使用(参见第28、第42页)。这里我们只对一些信号的动作和含义加以简单说明。

▶ "坐下":将手(或食指)举起。

▶ "趴下":手掌摊开、手心向下,放在身侧。

▶ "别动":手掌平摊,遮在狗狗面前,手背向外,保持片刻。

▶ "这边走":告诉狗狗开始走(或者把它叫到某一侧)的时候,摊开手掌、轻拍身体一侧,示意它到这边一起走。

▶ "这里":用手轻拍腹部,或向斜下方张开手臂。

请您在发出口令之前片刻给出手势信号,慢慢地您会发现,随着狗狗动作的熟练程度不断增加,常常在您的口令发出之前它就已经开始执行了。这时您可以试试不说话,只给出手势信号的情况下看它能否完成动作。不过"这里"的手势只有在狗狗坐好的时候才能发挥作用,如果它在走动或位置不方便的时候就没有效果了。

重点强调:幼儿期训练"趴下"的时候您需要蹲下来,这样手势的位置也就偏低了很多。现在要求您笔直地站在它身边,从上方往下给出手势,狗狗会慢慢习惯的。

游戏中的服从性

幼儿期时我们在训练中会增加一些干扰因素来拓展

和巩固训练，现在也请您在高度干扰的环境中训练对狗狗的掌控力。

训练步骤：刚开始时以一个非常简单的练习打头阵，狗狗轻而易举即可做到，比如"坐下"，前两次练习时和以往一样。随后拿出它最爱的玩具邀它一起玩耍。请您在玩闹的时候用玩具引诱狗狗，让它来追逐，但是不要让它够到，这时您突然立直身体站好，以一种严肃的口吻给出口令"坐下"。如果它听从口令马上坐下，而不是继续去追逐玩具，那必须对您说一声"训练成功，祝贺！"您可以重新开始一个游戏，而做游戏的邀请也意味着训练结束。请您重复这样的训练流程两至三次，最后一次可以允许它把玩具捡回来。

拓展训练：如果狗狗口中含着咬绳之类的东西，正在和您玩"拔河"，这种情况训练难度比上面要大一些。训练步骤和之前一样，您要突然结束游戏，迅速站直给出口令，而狗狗应该交出的标准答案是不仅要坐好，还要松口吐出口中的东西。

重点强调：游戏越有吸引力，练习的难度就越大。您可以先从较低的难度开始，通过调整游戏中的动作快慢等控制游戏的吸引力，渐渐增加游戏的趣味性。具体如何调整请根据您对狗狗的了解和您自身的反应能力做出规划。

步骤 1　您和狗狗一起玩耍

步骤 2　看到您的信号坐好

如何训练小狗

喊狗狗过来坐下

我们喊它经常是为了让狗狗离开某些东西。如果它在您的身边，当然要让它把注意力放到您的身上。之前我们已经训练过喊它过来然后坐下，坐下之前会给它奖励，现在我们要在它坐好之后再把奖励给它。

训练步骤： 刚开始要在无干扰条件下训练，训练初始时狗狗的状态是坐下以后的"不动"（参见第61页）。您站在狗狗前方两三米处，手里握住一块饼干，但是不要被它看到。先让它坐着等一会儿，然后像平时一样喊它来，同时双手轻拍腹部。狗狗们通常对肢体语言比较敏感，您的狗狗会被这样的动作吸引，快速跑到您的身边。在它跑过来的同时您要向后退，一直等它跑到您的近前，请您停下来，站立不动，双手仍然放在腹部，给出口令"坐下"，可能不等您的口令发出，狗狗就已经自己坐下了。进展到这里，您可以给它饼干奖励，并附加言语上的夸赞。不要轻易地抚摸它，有时候它会跳起来，我们的训练就泡汤了。在它坐好的时候给它戴上绳子，到这里练习还没有结束，请您接着给出"这边走"的口令，让狗狗在您的身侧步行跟随（参见第50页）。如果整个流程都练习的比较顺利了，之后请您每次喊"这里"时都采用这种步骤，哪怕走在路上时也是如此。

重点强调： 不要总是在坐好的时候喊它，这样会影响坐好不动的训练。也就是说，如果狗狗正放松地坐着时，不要喊它。您也可以找个助手协助训练，助手负责帮助抓好狗狗，您喊它过来。

步骤1 坐下之后给它奖励

步骤2 最后让狗狗来到您的身侧

第十三章　第5、6月训练计划

步骤1　这种时候不要陪它玩

步骤2　撒娇也不能妥协

步骤3　这种表现可以满足要求，带它出门

严格要求，不能让步

狗狗在青春期会进行诸多试探（当然大胆程度和性格有关），看您在某些问题上能够容忍它到什么地步。请您不要上当，一定要严格要求，不能让步。我们举几个例子说明一下。

训练步骤：狗狗会不会经常用头蹭蹭您，想让您抚摸它？我们之前说过您在建立和狗狗的亲密关系时抚摸或类似爱抚行为是非常重要的，但这并不意味着要满足它的主动索求，而是在您自己想表达的时候才去做。如果狗狗总是一再索摸索抱，您可以忽视它或者让它离开。

▶ 它是不是经常会使用某些暗示行为，比如把玩具放在您脚下邀陪玩，或者在您坐下吃饭时用幽怨的声调和渴望的眼神表达出门的诉求。请您不要搭理它，一直等到它不再做这些小动作，乖乖坐好或趴下时再陪它玩或出门活动。

▶ 有没有碰到过这样的情况：狗狗看到外面有一只鸟，于是不停地对着阳台门狂叫，给它打开门以后不到一分钟又叫，想让您再开门把它放进来。不要总是顺从它的要求。如果您想让它进来也至少要等到它安静下来，坐在门口等待，给出结束训练的口号然后再放它进来。

▶ 它在您打电话的时候打扰您了吗？不要因此中止通话，要做出重视电话胜过它的姿态，等它不再乱扑或乱叫的时候再结束谈话。

重点强调：请您根据狗狗的性格特征做出恰当的反应，可参考第112页至第114页的内容。

如何训练小狗

如果狗狗感到压力

正如您所知的，您的宝贝现在正处在成长发育期。这一时期有个特点，它有时会缺乏安全感。如果它不适应某种情境，外在表现会释放出一些信号，比如它总是在自己身上抓来挠去，哈欠连天或呼吸急促，或者不停地舔自己的鼻子，种种迹象都说明它有可能处在压力的挟制下。为此我们在这里列出一些例子，并就相关的应对措施给出一些建议。

训练步骤：如果狗狗对现有的情境表现出不适应，请您按照下面的步骤采取行动。

▶ 如果孩子们总是拥抱和抚摸狗狗，而它已经开始频繁地打哈欠，耳朵耷拉着，脑袋扭到一边，舔弄自己的鼻子。这样的表现说明它已经开始有些惊慌了："哎呀，怎么总是这样，我该怎么做？"这时候需要您出面干涉，把孩子们带到一边，让狗狗能够安静地休息。

▶ 有时候也会出现这样的情景：您正在训练狗狗趴下，而附近有另外几只狗狗正兴致勃勃地玩闹着。宝贝还是执行了您要求的动作，但是过程中出现打哈欠等行为。这种表现说明它的内心正处在矛盾纠结之中，而打哈欠等只不过是一种转位行为（在冲突情况下突发的与实际情况无关的过激反应），因为这时候它的心里正在交战："哎，真是讨厌！完成训练是不能怠慢的责任，可是我本来是想去找小伙伴们一起玩的。"

这种情况很好理解，作为人类我们也会遇到这种进退两难的内心纷争，请您设想一下，您面前的衣物篮里满满都是需要熨烫的衣服，可就在这时您又接到了邻居们的邀请，请您过去和大家一起喝杯咖啡聊聊天。作为人类我们本能的反应也有可能是挠头皮，因为这种情况实在是让人

步骤 1 这只狗狗正处在纠结之中，标志动作是打哈欠

纠结。一方面衣服是必须要完成的事，而另一方面咖啡的浓香和八卦的魅力绝对会使人心痒难耐。现在我们把话题转回来，如果您的狗狗只是偶尔出现这种徘徊纠结的状态，说明一切还在合理范围内，您无需对训练过程做出任何改变。因为如果它最后还是听从您的指令，说明哪怕心中有犹疑，还是能够做出正确的选择，这也会成为它以后的经验。但是如果它表现出转位行为，有时还会不遵从指令自己站起来，请您掌握好时间，在它做出违规行为之前及时结束训练。上述危险情况很容易出现在"别动"的训练中，尤其是训练节奏偏快的时候（参见第68页）。如果宝贝在训练过程中经常出现类似的转位行为，说明我们在干扰条件下的训练有些缺憾或者训练难度方面有些过高了。请您从低层次的基础训练开始，慢慢增加干扰和难度，循序渐进地进行拓展。

▶ 如果您现在正带着狗狗走在喧闹的市中心，到处都是熙熙攘攘的人群和各种嘈杂的声音。这种环境让狗狗感到紧张，它不停地挠来挠去，这种状态实际上透露出一种画外音："这种场合太闹了，我真是受不了。"如果这时候它再缩起身体，夹着尾巴，耷拉着耳朵，

步骤2 挠身体也是压力信号之一

步骤3 小狗狗感到害怕,为了安慰自己,做出了舔鼻子的动作

呼吸急促地向您身边躲,清楚地表明,它受到了惊吓,正处在害怕的情绪之中。

▶ 请您把狗狗带到一个相对安静的地方,然后就像我们在它幼儿时期所做的那样,等它缓过来以后慢慢带它去人更多的场合。有时候您也不必过于紧张,可能它只是某一天状态不佳,稍感压力,如果平时基本都很正常,这种情况下无须做出任何改变。其实狗狗也是需要锻炼的,它必须具备一定的耐压能力,但是如果您家宝贝天性胆怯腼腆,缺乏安全感,即使您采取循序渐进的训练方法,它仍然不能适应某些特殊场合,请您以后避免带它去类似的场所。

▶ 如果作为主人的您忧心忡忡、压力过大,这种情绪或状态也会传递给狗狗,所以说狗狗的状态很有可能是受到了主人的影响。

▶ 如果平时和狗狗交流的方式不恰当,过于生硬粗暴,狗狗对人就会产生惧怕心理,容易缺乏安全感,行为上表现为畏畏缩缩,比如身体低伏或蜷缩、舔弄鼻子、躲避与人目光接触、耷拉着耳朵、夹起尾巴等,这些都是它惧怕时会释放出的身体信号。如果您看到狗狗处于这样的状态,请务必调整和狗狗的交流方式。

▶ 发抖有时也是一种转位行为,比如做错事情被纠正的时候,它可能就会发抖。如果有一只粗野的狗狗欺负别的伙伴,两个小家伙打成一团,这时本来在一旁的狗狗可能会跑到远处,躲到一边发抖。有时候当您宣布要开饭或者要出门散步时,它也会发抖。这种种情况都是转位行为的表现。

请注意:上述这些只不过是狗狗可能会发生转位行为或释放压力信号的一些情况。如果只出现某种或几种信号并不能说明狗狗现在的状态不正常。请您根据它的整体状况和客观情境判断它的动作信号代表了什么意义。比如说如果它在酣睡一场之后醒来打打哈欠,伸伸懒腰,这说明它现在感觉良好;如果它总是在身上挠啊挠,它也可能就是觉得痒。也就是说,并不是它每次出现可疑动作(舔弄鼻子之类)都代表压力太大或转位行为。请您仔细观察它是否还有其他的症状:是否目光闪躲,夹起尾巴?有没有无精打采,畏缩消沉?我们要全面地观察它的状态,然后再推断狗狗之所以出现这些信号的真正原因。

第十四章　第7、8月训练计划

幼儿期的狗狗看上去一副毛茸茸的乖萌可爱相，现在已经长开一些，样貌也发生了一些变化。狗狗在成长中总是精力充沛、充满活力，它们若是使出蛮力，可以把小树苗从土里掘起，所以有些宝贝会雄心地认为，世界尽在它的爪下。为了不让它们胡闹闯祸，我们需要为它们的精力找个适当的出口。

带狗狗去公共场所

您肯定早已发现，狗狗现在跑得越来越快，活动范围比起幼儿期的时候也扩大了很多。这也表明，它对周边环境的感知比以前更加敏锐，反应也更加快速。您带它出门的时候也应该更加警觉，多留心注意周边的事物，避免某些尴尬的场面。

出行时遇到路人

您的狗狗见到每一个人都要热情地打招呼吗？这种友好的行为是积极的，也是我们喜欢的。但是，并不是每个人都喜爱并了解狗狗，有些人会有恐惧感，尤其孩子们更是非常容易害怕。您自己非常了解自家宝贝，它还很小，没有危险，不会伤害人，可是陌生人并不知道这些。除此以外，人人穿着打扮不同，衣服布料也是一种限制，不是所有人都适合和狗狗打交道，也不是所有人都是爱狗一族。很多人想当然的那种说法，比如"它没有恶意""它只是想找个人玩"之类的还是不要说了。就算您的狗狗是出于热情或好意扑到路人身上，导致有人受到了惊吓，任何解释对这种负面的影响都没有缓解作用。

当您看到有人走过来，狗狗想要迎上去时，趁着来人还没有走近，请您把狗狗及时牵回来，留在您的身边。如果您遇到的行人喜欢狗狗，也想和它打个招呼摸摸它之类的，这时候可以允许狗狗释放自己的友好信号。针对这种情景，我们之前也做过相关的训练，在有路人经过时狗狗仍然要以您为中心，做得好要有奖赏。请您一定要经常进行这项训练，这样就可以避免狗狗突然兴起追逐路人的情况。

走进大自然进行野外活动时

在树林或田野里活动时您的狗狗很可能会发现诸多有趣的气味或足迹，这时候您要看好狗狗，因为追逐这件事本身对狗狗而言就是一种巨大的乐趣，就算它到头来什么也没抓到，也会乐此不疲地寻找和奔跑，而这种扰乱也给野外生存的小动物带来了很大的压力。如果您家宝贝对追逐猎物这项活动情有独钟，很容易就分散注意力不受您的指挥。所以您要带它去野外活动，最好事先给它戴好绳子，这样可以帮助您控制它，不让它盲目地乱追乱跑，相关内容我们在第130页会详细描述。

什么时候给它戴上绳子

有些时候出于保护狗狗或其他人和动物安全的考虑，我们最好能给狗狗戴上绳子，比如说您带着它一起去市中心，坐在酒馆或饭店里，走在大街上的时候。如果您带它去某些特殊区域，比如自然保护区，当然也要牵好绳子。

养狗并不是件容易的事，文明礼貌人见人爱的狗狗需要主人耐心地培养和教育，尤其在公共场合更要考虑周到，这样不仅可以减少意外的尴尬，也能在公众面前树立一个良好的形象。

让狗狗充分活动，消耗多余精力

在自然界中生活的狼和其他犬科类哺乳动物每天有很多事情要忙，随时都要保持警惕规避危险，还要寻找食物养活自己，等等。家养的狗狗则完全无须为生计奔波忙碌，与野生的同类们相比，它们整天过着无忧无虑的生活。但这种生活方式同时也是另一种困境，它们的能力变得毫无用武之地，乏味的生活促使它们为用之不尽的能量寻找出口，而它们为自己寻找的"乐趣"在我们人类看来往往与闯祸无异。它们会把花盆掀翻，在花园里对着路人狂叫，扯着窗帘或壁毯啃咬。如果您经常带它出门，请好好考虑怎样利用这样的机会，只有体力上的活动是不够的，还要让它进行一些脑力活动，两者都会消耗它的过剩精力，让狗狗有一种充实忙碌后的疲惫感。无论是在家还是走在路上都要时不时地给它找点事情干，不要让它感到过于无聊。

不要让它过度劳累

如同幼儿期时一样，现在的狗狗也需要足够的休息时间。如果狗狗自己没有这种自觉休息的意识，请您及时地督促它进到笼子里。太多的活动或玩耍（比如和孩子们一起玩闹不休）时间长了会导致狗狗性情激进，容易暴躁。它在自然界中生活的同类"亲友们"每天也要有很长的休息时间。因此请您注意训练的效率，合理分配时间，别忘了"磨刀不误砍柴工"这句老话。

学习时间表

第七、八月训练主题

带着狗狗去公共场所
让狗狗充分活动，消耗多余精力
关于培训学校
牵着狗狗步行跟随

训练活动	训练频率
出门办事，抓住机会做些练习	每周 1~2 次
正确解决狗狗缺乏安全感的问题	出现不安迹象时
提前辨识和避免狗狗出现追捕行为	随时
狗粮袋的练习	每周 3 次
纠正狗狗的粗鲁行为	出现此类行为时
远距离条件下要求狗狗"坐下"	每天 1 次

关于培训学校

您是否会带狗狗去培训学校上课？如果是，请您注意以下几点。首先，这必须是个小团体，一起培训的狗狗数量不宜过多，四到六只已经足够。培训中安排的活动要有一定的训练目的和针对性，并辅助以评判或解说。训练中要运用主人的权威、通过肢体动作和语言夸赞给它奖励，不要强制它完成某项任务。无论进行怎样的安排，

如何训练小狗

务必要保证您和狗狗双方都能享受这样的练习过程。

玩耍是小狗团体活动中必不可少的部分，但是要避免情绪过激的撕打行为。在玩耍过程的中间或最后阶段（只要不是刚开始的时候）可以安排一次休息。旁边的人一定要保持关注，看它们是不是真的在玩闹。不要让任何一只狗狗受到欺负，如果发现弱者被欺负的情况，训练者一定要进行干预。不要任由它们互相争斗，或者误解为是它们生活在群体内部的一种自然现象。它们并不是天天都要生活在这样的群体里，因此也没有必要经受这样的考验。一旦您发现狗狗在小伙伴中成为欺压方或被欺压方，都要及时插手制止。

牵着狗狗步行跟随

狗狗跟着您的时候要一直用绳子牵着吗？其实不必如此，但是请您保证牵着它的时候绳子是松弛的，不会出现生拉硬拽的情况。只要之前完成了"教导狗狗不要拉拽绳子"的训练，现在它不应该出现任性出格的行为。跟随的时候，狗狗不仅可以跟在您的身后，在您的身侧或跑在前面也没有什么问题。

狗狗可以乖乖被牵着一起走往往是因为每天的自由活动已经消耗了多余的精力，如果它还有上蹿下跳的劲头，很难说会不会老实地被牵着走。我们带着它一起出门去野外的训练场地时，可以先让它跟着一起跑/走（参见第158页）。如果路程较远，大概几公里，建议乘车过去，这么长的距离要求狗狗步行有些超出它现阶段的能力水平。

如果出于某些原因，您需要一直用绳子牵着狗狗，请您去宠物用品店里选购一条较长的狗绳，可以自动调节长度，允许狗狗有更大的活动范围。狗狗自己也会慢慢发现绳子性质上的差别，知道哪些是不能拉拽的、哪

在上下楼梯、经过人群或者迎面有车辆行人等情况时，请您给它戴上绳子，避免发生意外情况

些是可以调整的。

何时需要狗狗在身侧跟随

之前我们训练狗狗"这边走"必然有其用意，某些情境下我们需要它乖乖地待在身旁，以后训练时有可能会丢掉绳子。比如说当您带着它走在路上，有路人跑过来、有自行车迎面驶来的时候，或者我们走在路边上，而旁边就是喧闹的人流车流，这时都需要狗狗听从"这边走"的口令。某些其他情况下也需要它走在我们身边，比如上下楼梯的时候，或者过马路时人行道的对面亮起了红灯。

出门办事，利用机会做些练习

狗狗现在已经掌握了基础的服从性练习，无论室内室外有无干扰因素的条件下都可以执行命令。现在请您在需要上街买东西或办事时带上它，在热闹的地方进行训练。

训练步骤：出门前像以往一样做好准备，让它解决大小便问题，消耗过剩精力，这样之后的路途狗狗的注意力会更加集中。带好一包饼干，有上佳表现时加以奖励。

您出门的时候要开车去吗？那么请您把它放在车后面，等到了目的地打开后备厢或车门后，狗狗要耐心地坐好等您把它抱出来。如果它自己急着出来，请您及时把后备厢或车门关上（参见第100页训练流程）。关好门后等一会儿再让它出来，抱出来之后要让它乖乖坐好。

让狗狗按照训练规则从车里出来，然后再开始真正的练习，我们以下面的情景为例，列举您可以使用的一些训练方式。

在这种情况下，狗狗最好坐在您的身侧，而不是您的前方

独自站在宽阔的田野中。这样的场景会让很多青年期的狗狗感到迷茫和没有安全感

如何训练小狗

- ▶ 您是否看到某处有些台阶,请您带着狗狗一起走上去再走下来。没有美食奖励的时候它是否也能乖乖地行动呢?如果您的答案是肯定的,那简直太棒了!
- ▶ 牵着它一起穿越人行横道,绳子保持在松弛状态。狗狗要一直跟在您的身边,一起往前走,一起等红灯。走路的时候不要太靠近路沿石,和狗狗一起过马路。

- ▶ 您也许本来想要去医院或者逛逛街,可以在医院或商店附近找一个安静点的区域让狗狗待好"别动"。您可以放心地看看新出的款式,但是要时常用余光关注它的状态,让它一直在您的视线范围内。

重点强调:我们每个人都有这样的感觉,在街上走着走着注意力就被什么事情吸引住了。即使如此,请您还是尽量注意狗狗的动态和它在练习中的表现。不要忘记把握时机进行相关的训练,更不要忘记最后要给出结束训练的信号。

正确解决狗狗缺乏安全感的问题

如果您发现它在青春期里也出现了缺乏安全感或信任感的问题,如同我们在幼儿期所做的那样,要通过正确的行为传递给它安全感。现在它的感官变得更加敏锐,可能会对远处的声音或气味产生反应。下面我们以具体实例进行说明。

训练场地出现陌生人

空阔的场地上,如果远处的道路上突然出现了一个陌生人,衣着还非常鲜艳,这种情况下很多狗狗都会感到恐慌。您也许认为这种事情没什么大不了的,喧闹的人群中狗狗也没有出现过什么异常。但是这两种情况的性质并不一样,狗狗之所以感到不安是因为陌生人的出

很多狗狗对某些刺激性的色彩会感到不安,这时候您的行为方式是非常重要的,请用正确的方法让它感到自在和安全

现属于意料之外的突发事件，而闹市之中的人潮属于正常现象，并不会引发这样的触动。

训练步骤：您的狗狗可能会反应紧张，炸起后背上的毛，甚至朝着陌生人的方向狂吠。请您务必留意它的动作，一旦发现它注意到了陌生人的出现并想要做出某些过激反应，请您180度大转身，朝相反方向走去。狗狗会跟着您的脚步，不再理睬陌生人的存在，这时您再转过身来，维持适当的距离，绕过突然出现的陌生人。如果狗狗仍然表现出害怕或犹疑，不肯跟着您往前走，请您保持果断有力的步伐，拐个弯从陌生人身边绕过去。通过这种处理方式可以传递给它这样的信息："没什么好怕的，这样的情况太正常了。"

请注意：您也可以呼唤狗狗过来，给它戴上绳子，牵着它绕过去。除了呼喊，您还可以用玩具或饼干诱惑它，让它过来。

害怕不明物品或声音

如果有不明物品或声音出现，狗狗会表现出紧张不安，没有安全感。

训练步骤：在幼儿期时我们曾探讨过相关的问题，请您参照第73页的方法，通过冷静淡漠的态度告诉它这样的情况没什么好怕的。

其他恐惧情绪

意料之外的高分贝或灌木丛里的沙沙声都有可能把狗狗吓得魂飞魄散。遇到这样的情况，它往往会惊愕地呆立原地，不敢再往前迈步。

训练步骤：即使您自己碰到这种意外也可能被吓一

 提示板

狗狗的攀爬行为

攀爬行为简直是狗狗的日常曲目，经常会出现在我们的生活中，但是如果狗狗一直抱着您的腿不放就过于放肆了。它在测试您的底线，请您把它从腿上扒拉下来，推开它或者转身离开。要仔细考虑您和狗狗相处中的细节。您是否具备足够的权威性？攀爬行为往往和狗狗想要"当家做主"的意图有紧密的关联。如果狗狗经常对别人或其他同类小伙伴也做出这种行为，或者总是被小伙伴们用这样的方式欺侮，请您一是要进行干预和纠正。有的时候，攀爬行为也可能是它压力过大的信号。

跳，但一定要在表面上做出没什么事的样子。不要迟疑或停顿，继续大踏步往前走。这样的态度会让狗狗觉得放松，然后跟着您的步伐继续前进。

重点强调：请您牢牢记住，一定不要试图给予狗狗所谓的"安慰"，这样做只会适得其反，加强它们的恐惧和不安情绪。如果您感到自己的能力没办法引导恐慌中的狗狗，可以找一个经验丰富的训练者或精通狗狗行为学的医生进行现场教学，他们的意见和帮助往往专业而有效。

如何训练小狗

步骤 1　在它发现什么之前，我们必须采取措施

步骤 2　想办法转移狗狗的注意力

提前辨识，避免狗狗出现追捕行为

天性使然，狗狗或多或少都会有追捕的习惯，随着它的成长越来越明显地表露出来。在幼儿期的训练中我们已经提到，如果它意图追逐草地上的小鸟或路上跑步的行人时，要用某些方法转移它的注意力（参见第95页），这些训练已经奠定了良好的基础。在狗狗的成长过程中请您一直注意控制它的追捕行为，如果中间曾经有侥幸得逞的经历，纠正起来难度会变得更大。

怎样辨识您的狗狗是否追捕本能过度，在问题出现之前就防患于未然呢？

走在路上时请您随时注意它的动向，它是否对田野或树林中的各种声响和气味表现出极大的兴趣？如果有山鸡、野鸭或野兔的痕迹它是否会格外兴奋，甚至一跃而起？有跑步的路人、自行车或汽车驶过时它是否喜欢跟在后面追？如果出现上述症状，我们就要随时保持关注，及时应对了。

训练步骤：追捕行为的发生一般分为几个步骤。狗狗最初在地上发现某些迹象，会抬起头用眼睛或鼻子"扫描"周边的环境，认识地形并辨别气味。扫描的过程中如果它注意到了某个线索，就会锁定目标继续追寻。这时候它可能会紧紧地趴在地面上，或者不停地跑动，再或者抬起前爪听动静。如果进展到这里，下一步狗狗就要开始出手了。

▶ 对训练者而言，最好的状况就是在狗狗发现具体目标之前，把它消灭在萌芽状态。我们可以在路途中安排足够多的活动，做很多狗狗感兴趣的事情，使它无暇旁顾，关于这一点请您参考第154页中的方法。如果狗狗已经在探索蛛丝马迹的过程中，请您立刻进行干预，一定要在狗狗发现痕迹锁定目标之前阻止它的行

步骤 3　通过这种方法教它不要离开道路

步骤 4　有时候绳子会为您提供有效的帮助

为。一旦它开始追击，让它回头就更难了。为了避免出现这种情况，请您参考下面的训练方式。

▶ 有效干预需要之前的训练基础：狗狗听从您的呼唤。如果发现狗狗开始专心地在地面上嗅或者仔细分辨空气中的特别气味，请您吹哨子或发口令喊它回来，同时您自己也要快速离开原地。及时发现，立刻行动，不要等待或观望，延误最佳时机。

▶ 如果狗狗非常喜欢某项游戏活动，您也可以把这种游戏或玩具（保证是它的最爱）当作诱饵转移它的注意力（参见第44页）。

▶ 如果狗狗被您的呼喊或诱饵吸引过来，它的心理定位是"哇哦，要来点好玩的了"。请您把它最喜欢的球或者磨牙棒抛出去，同时配以夸张的语调（参见第132页），它会去追赶，最后带着"战利品"回来。如果表现良好，还可以给它一点奖励。

▶ 请您教导狗狗不要离开道路，步骤如下：如果您的狗狗站在路边上，吸引它的注意力，然后当着它的面扔一块饼干到路中央，这时候它会跑过去捡饼干，当它转头往回跑时请您给出口令"回来"。经过多次训练之后，它就能够明白"回来"的意思是回到路上。发出口令的时候语音语调要严肃认真，听起来比较有威严。这一训练的目的在于预防沉迷于追捕的狗狗离开道路。如果您的狗狗对哨音更加敏感（参见第137页），也可以用哨声阻止它的追捕行为。

重点强调：如果狗狗不易驯服，追捕的热情高涨，请您不要带它去野外，诱惑太多不好控制，出门之前要给它戴好绳子。

如果您自己无法完成，请找资深训练者求助。可能某些狗狗天生地追捕愿望比较强烈，教导起来要多费一些心思。

如何训练小狗

步骤 1　请您离开它一段距离

步骤 2　拿着狗粮袋，喊它过来

狗粮袋

对狗狗而言，狗粮袋（笔袋大小，可在宠物用品商店买到）是一种非常有趣的玩具，它会使捡东西这种活动乐趣无穷。不论在家里还是外面，只要您扔出狗粮袋让它去捡，都能马上调动起它的积极性。这种练习好处多多，不仅可以增强您和狗狗的情感联系，使它在体力和脑力上得到锻炼，还能训练它的服从性。开始训练时，我们先让它熟悉这种玩法，初始的训练环境要选在没有太多干扰因素的室内。

训练步骤： 当着狗狗的面把好吃的美味装进狗粮袋里，同时用比较夸张的、带有诱惑性的语调渲染气氛。

▶ 从狗粮袋里拿出一点东西喂给它吃，或者直接打开让它自己吃。

▶ 接着把狗粮袋封好，用它作为诱饵来引逗狗狗，最后再让它抢到。比如您可以拿着狗粮袋逗它，也可以直接扔出去让它去捡。给狗狗身上戴一条长绳子，以防它衔着狗粮袋跑远。

▶ 如果它最后拿到了袋子，要拍手称赞。请您把狗粮袋从它口中取出（在狗狗没有失去兴趣把它丢在地上之前），可以配合使用"放开"的口令。如果它乖乖地把袋子交给您，马上给它奖励，这样它就会知道以后要把袋子交到您手中。

▶ 如果狗狗喜欢这样的活动，想办法得到狗粮袋然后交给您，我们再继续进行其他的内容。先让狗狗坐好，您拿着狗粮袋走到离它两三米的地方蹲下，喊它过来，等它来到之后可以直接让它拿到袋子，但是要让它待在您身边，不能衔着袋子跑开，过一会儿再让它把袋子重新交到您的手中。

▶ 上面的步骤进展得顺利吗？如果答案是肯定的，请继

第十四章　第7、8月训练计划

步骤3　等它来到您身边，拿到袋子

步骤4　让它把狗粮袋交到您的手里

续下面的内容。您拿着狗粮袋，让狗狗自己走过来。等它走近之后把袋子放在地上，让它拿到狗粮袋之后再交给您。成功了吗？好极了！

▶ 现在我们对训练内容进行一些拓展。请您在距离狗狗较远的距离蹲下，把狗粮袋放在您和狗狗中间，放置的位置离您较远离它较近，喊口令让它把袋子交给您。慢慢增大距离，训练它的服从性。

其他训练方式：狗狗现在是否对这种捡拾游戏已经产生了浓厚的兴趣呢？您的狗粮袋是否具备足够的吸引力（东西够美味吗）？如果上面的训练步骤它已经完全掌握并乐此不疲，先让它在您身边站好，然后把袋子扔出去一段距离让它去捡。训练前要先给它戴上一条长绳子，防止它拿到袋子之后跑开。如果它对这项游戏已经非常熟悉，请您增加一点难度，先把狗粮袋扔出去，然后让狗狗坐一会儿，给出口令"拿来"然后再放它去取。

步骤5　现在可以打开袋子，奖励它好吃的美味

如何训练小狗

步骤 1　狗狗咬住绳子，坚持拉扯

步骤 2　如果您这样做，它就无法从单方的拉拽中得到任何乐趣

如果狗狗做出某些粗鲁行为

您的狗狗是否偶尔会做出某些放肆的行为？比如它走在路上的时候一直咬着绳子，跟您玩起了"拔河"比赛。如果这时您的反应是焦躁暴怒，后果只会是更加激怒它，情况会变得更加棘手。正确的处理方式是您不要关注它，只当什么事都没发生，有句话叫见怪不怪其怪必败。

训练步骤：对付这种情况有下面几种处理办法。

▶ 请您原地不动，双臂交叉，不理睬狗狗的表现。它可能会继续扯绳子，不要给它任何回应，它迟早会觉得这样的独角戏没什么意思。最后等它消停下来以后等一会儿再重新出发。

▶ 转身慢慢走向狗狗，但是不要去看它。您作为主人的威严会让狗狗自觉地避开您，这时候绳子也会自动松弛下来，它也不会执着于拉扯的游戏，等它停下来，请您继续原来的方向和路线。

▶ 请您把绳子丢在地上，用脚踩住绳子末端，双臂交叉站好，不要理睬它的举动。这样它便无法从拉扯绳子的行为中得到任何乐趣，因为这种行为需要双方的对峙才能产生快感，而您完全没有给它互动的机会。如果它感到乏味停止拉拽，请您原地等一会儿再捡起地上的绳子，重新出发。

▶ 请您把绳子的末端打个结系在路旁的树枝或篱笆栏杆上。您要往前走一段路，然后背对着它站住。用余光观察狗狗的动态，如果它已经消停下来，就转身回去，不过路上不要看它，也不要说话。走到它身边时把绳

第十四章　第 7、8 月训练计划

步骤 3　如果您采取这样的办法，它会自觉地躲开

步骤 4　如果这样做，它也会觉得自己的举动非常无聊

子解下来，继续原来的路线。

请注意：无论使用上述哪种方法，只要狗狗做出您不愿意看到的出格行为都要及时反应，直到它不再任性妄为为止。这个过程需要耐心，您可以做个试验，从上面的几种办法中挑选一个您认为较好实施，效果也明显的使用。

还有一种可能，狗狗喜欢咬绳子是不是因为它就是喜欢衔着东西？如果是这样，请您在它咬住绳子之前找个玩具塞到它的嘴里。请注意，这句话的重点是"之前"（之后进行交换），否则狗狗往往会误以为咬住绳子您就会给它玩具。

重点强调："不理它"是一个重要的战术，不仅可以用在这个问题上，对其他类似情况也非常有帮助。

步骤 5　看吧，主人都走了。哎，又办了一件蠢事

如何训练小狗

步骤 1　狗狗走在前面，周边无任何干扰

步骤 2　发出一点声音，狗狗惊讶地回头看

远距离条件下要求狗狗"坐下"

设想一下这样的场景，迎面有个路人踩着溜冰鞋滑过来，而狗狗正跑过来找您，它没有发现危险想要穿过道路。这种时候如果能让它坐在原地不要乱动，危机立刻就化解了。

训练步骤： 现在狗狗已经能轻松完成"坐下"的指令，也能很好地遵从相应的手势信号（参见第118页）。

▶ 请您走在狗狗后面，维持在两三米左右的距离，保证狗狗正在专心地走路，没有受到其他干扰。

▶ 请您发出一点响声，只要能让它听到并回头看即可。它回头的时候做出"坐下"的手势信号（手臂可以向上抬高一些），同时朝着它大步走，大概一两步即可。如果您这样做，狗狗就不会再朝着您走过来了。走动的时候喊口令"坐下"，它坐好了吗？太棒了！

▶ 现在请您走到它的面前，为它的良好表现发放饼干奖励，这时候狗狗仍然在坐下的状态，奖励给它后不要忘记给出结束训练的信号。如果狗狗在执行动作的时候完成得非常好，您还可以把它最爱的球扔出去让它去捡，这也是一种奖励。只要您发出结束训练的信号，就可以扔球让它过去捡了。

▶ 经过几天的练习，如果狗狗已经掌握了上面的动作，请您在狗狗走路的时候尝试远距离的信号和口令，但是要求它的状态放松，不受干扰，舒服地在路上走着。

▶ 如果您和狗狗的训练距离已经达到五至六米，它在执行指令时也完全没有问题，那么请您尝试着加入一些干扰因素，再次从近一点的距离练起。训练过程中一定要注意肢体语言的运用！

其他方法： 找一块视野开阔的空旷场地，选大块的饼干作为奖励，要让狗狗很容易就能在地上找到。

▶ 让狗狗先跑出去一段距离，这时请您拿一块饼干放在手中。

第十四章　第7、8月训练计划

步骤3　给出坐下的信号和口令，狗狗完成动作

步骤4　表现良好，给予奖励

- 如果您发现它跑出去的距离正好符合您扔东西（饼干）的一般射程，弄点动静吸引它的注意力，等它回头看甚至已经开始往回走的时候扔一块饼干，饼干要从它头上飞过落到后面的地上。这样的练习要多重复几遍。
- 您很快就会发现，狗狗在您抬起胳膊的时候就会自己停下来。
- 经过几天的练习之后，请您不要马上把饼干扔出去，胳膊往上抬一点。这时候它看见了您的信号，有没有乖乖地坐下？有吗？好极了！
- 只要它开始往下坐，就用之前确定好的夸赞用语表扬它，然后把饼干扔出去。
- 狗狗坐下，饼干扔出，但是不要垂下扔饼干的手，保持举起的姿势，用另外一只手从口袋里再掏一块饼干。
- 现在我们在练习中加入口令。在它坐下的时候，请您发出"坐下"口令。在它往前走，而您想让它停下来的时候，还可以使用"停"的口令。
- 如果上述步骤进展顺利，请您最后再扔给它一次饼干作为奖励。

我们描述了两种训练方法，目的均在于让狗狗听从您的信号和指令，停止前进，转身坐下。练习必须先从无干扰的环境开始，熟练掌握以后再进行干扰训练。我们还可以在训练的过程中使用哨声，这样做非常有效。哨子的声音听起来尖锐急促，甚至可以超越女高音，这使得它具有警示或制止的功能，在距离较远，狗狗走得较快的时候更加明显。使用时请您只吹一下即可，声音可以拉长一点。无论您使用上面哪一种训练方法，吹哨子的时机都一样，就是您想要发出口令"停"或"坐下"的时候。这样狗狗慢慢就会明白哨声的指示意义。

重点强调：奖励也要在远距离以外进行！

出现问题要如何解决

青春期对狗狗而言是一段重要的成长时期，无论身体还是精神上的成长都迅猛惊人。这个阶段也经常会产生各种各样的问题。下面列举了一些事例，并就如何解决问题给出了相应建议。依此行事，大多数难题就能迎刃而解。

问候过于热情狂野

问题情况描述：狗狗对每一位来访者都非常热情，迎接方式有时会过于"奔放"，比如说它猛地跳起来，甚至能打到客人的下巴。这种情况会让很多人受到惊吓而不是惊喜。我们怎样才能改变它的这个习惯呢？

解决方法：如果狗狗比较听话好教，请您在客人来访之前让它离门远一点，然后练习趴下不动，直到来访者进门几分钟以后再结束训练，这样狗狗的情绪在训练的过程中就已经平静下来了。对这样的宝贝您还可以在颈圈上绑一条短绳，有人来访的时候牵着它，让它坐在您的身侧。

▶ 请把狗狗系在入口处附近，离门有一定的距离。不要一直关注它，等客人进来一段时间后，如果它已经平静下来，行为恢复正常，请您再带它来见客。如果它情绪上比较正常，表现出适度的友好和欢迎，我们就可以放心了。如果还是不行，请您让它在身边趴下。或者一言不发地把它系在一边，直到它最后平静下来。

重点强调：无论您选择上述哪一种办法，都需要来访客人的配合，不要和狗狗说话，不要理睬它，直接忽略它的存在，和它保持距离。如果来人看着它，跟它说话，或者从它身边经过，肯定会激起它的情绪，让它很难平静下来。您自己也要注意，不要有过激情绪，勿急勿躁，不出骂声。请您和家人也控制好自己的情绪，每次回家看到狗狗时不要过于热情，见面简短地打个招呼就可以了。

狗狗不听指令

问题情况描述：狗狗出门时总要往前面冲，我们喊它也常常没反应，或者只是短暂地回头张望一下，接着就又跑远了。要怎么做才能改变这一状况？

原因和解决办法：问题常常在于您平时有些放纵它，于是狗狗自认为已经完全了解您的脾气了，它不必担心会跟不上您的脚步，因为您总是会等它。请想想您在幼儿期怎么带它一起出门散步的，现在也要采用相似的方式教导它，让它知道要以您为中心。

▶ 如果去熟悉的地方，请您趁着它还没跑太远（最多看它往前跑10米）经常改变方向。
▶ 请您保持步伐稳健有力。
▶ 转变方向之前不要给出任何暗示或预告。
▶ 如果它在路上因为别的东西（比如某种味道）分心，请您立刻加快走路的速度。

▶ 喊它的时候只喊一次，声音响亮清晰。
▶ 呼喊它的同时加快步速。

重点强调：请您不要停下来看它是否跟了上来，哪怕只是很短的瞬间也不可以。一旦狗狗看到您停了下来，在它的意识层面上这说明不用着急。如果您始终疾步前行，它会自己主动跟上来的。这样的话，即使您有时突然转换方向，而且并没有喊它，狗狗往往也会自动自发地一直跟在您的身边。这种相处方式比起每次走远时都要喊它要实用多了。如果您真的连走路都要这么兴师动众地喊来喊去，那如果它听到喊声跑回来很快又脱离控制飞奔出去时，您还能采用什么方式让它回来呢？

无法抑制的追捕本能

问题情况描述：虽然我已经对狗狗做了很多训练，而它在没有发现别的动物时也能乖乖地听话，但是一旦它嗅到其他动物的气味马上就抖擞起来要去追捕。我们怎样才能改掉它这个坏习惯？

解决办法：有一种训练方法是找一根长长的狗绳帮助训练，将狗狗这种追捕的本能引入正轨。请您从宠物用品店里选购一条5～10米长的皮绳，具体多长看您的实际需要。

▶ 每次带它出门散步时都给它系上长狗绳，如果长度足够它平时的活动范围，对于狗狗而言其实跟自由没什么两样，接下来我们就要借助这种不需要时"隐身"，需要时出现的工具训练它戒除追捕的习惯。

▶ 请您握住绳子末端。一旦狗狗听到什么风吹草动，开始追捕行动，请您及时（在绳子被拽紧之前）180度转变方向（参见第129页）。这时候绳子会给它一个信号，告诉它应该停下现在的错误行为，并且提醒它刚才没有注意您的动向。如果它适时回转，要给它一些奖励。

▶ 几天之后请借助绳子的帮助进行口令"这里"的巩固训练，如果它第一次练习时不怎么听话，请在第二次飞快地拽一下绳子。

▶ 这种模式也可以用来巩固"回来"口令的训练，也是要等您用饼干奖励的办法使它懂得了口令的意义以后（参见第131页）。

▶ 如果不用您通过绳子施加外力影响狗狗也能够非常自觉地执行命令，请您仍然给它戴着，让它拖着绳子走，每个星期可以把绳子剪短一截，直到只剩一小段挂在颈圈上。

重点强调：如果它现在还在拖着绳子到处跑，请您在绳子的末端系一个结，情况紧急时您可以踩住绳子，死结使得绳子不易滑脱。请您同时注意一点，通过绳子传递的力量不要太猛。如果缺乏实践经验，请咨询有经验的训练者。训练时可以通过其他更有吸引力的东西，比如玩具、游戏、美食等诱惑它，和它一起玩耍，或者扔球、饼干让它去捡，这样它就没有精力再去追赶其他动物了。

第十五章　第9、10月训练计划

家有萌犬,您是否觉得生活平添了许多乐趣呢,尤其是当您和狗狗进行有爱的交流和互动时是否感到阵阵暖流从心头涌过？它已经成为您生活中的固定组成部分,是您身边不可或缺的陪伴。也许偶尔会出现一些"成长的烦恼",但更多的是为它能够掌握越来越多的技能而感到由衷的欣喜。

巩固训练:服从是狗狗的天职

现在狗狗已经学会了很多东西,我们大都通过正面鼓励的方法引导它完成训练,有时是美食或玩具诱惑,有时是特定的肢体语言或语音语调,这些都在训练的过程中成功地发挥了应有的辅助效果。请您注意狗狗的动态,现在是它体力与能力飞速增长的时期,不要让它有自我膨胀的情绪,要仔细观察,看它是否还能和幼儿期一样服从您的指令。

让狗狗保持服从,一方面您不要对它过于苛求,给出的指令不要超出它的能力范畴;另一方面也要坚持原则,如果某个动作它已经驾轻就熟,但就是不愿意执行,一定不能让步,必须完成训练。狗狗总是会因为别的事情而分心,比如说它总是热衷于到处寻找同伴们留下的"信号",看到路人或同类经过就热情亢奋。出于以上种种原因,它们总是偶尔叛逆一下,故意忽略您的指令,当然这也和它本来的性格以及后天训练有关。如果它的叛逆行为尝到过甜头,以后很可能会变本加厉。请您务必留心,不要给它放纵的机会,即使为狗狗的安全考虑,也要杜绝这种事情发生。

怎样纠正它的错误行为?

对不同类型的狗狗要注意因材施教,大部分情况下如果您能表现出威严的主人范儿就可以迎刃而解。这其中包括坚决有力的口令、干脆利落的肢体语言,也可以重复口令或略带愠怒地轻咳来表达您的不满之意。

对于其他狗狗,我们不要理睬它的任性行为,然后把它最喜欢的玩具球拿走,这种方法和前文的"正面鼓励"不同,我们把它称为"消极惩罚",也就是说要把它认为重要的东西拿走以作警示。如果它对严厉的口令和拿走玩具的做法都无动于衷,依然重蹈覆辙我行我素,这时您就要"动手"了,当然我是指出手干涉或阻止,并不是粗暴地强迫甚至殴打。

举个例子说明一下,如果狗狗就是不听"坐下"的口令,您可以在它的屁股上轻拍几下,这种动作力度已经足够了。如果这么做还是没能起作用,您可以揪一下它尾部的毛皮,这会让它感到很不舒服,然后想避开这种"袭击",这时的自发反应就是身体往下坐,于是我们的目的就达到了。您可以注意到在此过程中我们采用了一种让它不舒服的方法使其回归正途,这种方法我们称之为"反向刺激"。如果您给出了"这边走"的口令,而宝贝一直将注意力放在到处嗅周边的某种气味,您可以帮助它"回忆"起需要做的事情,比如说可以轻轻地向前挤挤或碰碰它,把它从嗅觉的世界里拉回现实:哦,原来主人就在我身边。但是请您注意动作的力度,不要弄疼它,也不要把它撞一个趔趄,只需要唤醒它的认知即可。

请注意:在纠正它的错误行为时请您务必注意以下几点。

- 首先一点必须确定，如果您发出口令而它故意不予理睬，请您确保这种叛逆行为只是偶然，也就是说平时同等的训练条件下它完全可以熟练地执行动作。
- 您必须能够足够了解它的脾气秉性，能够随机应变灵活地做出反应，不要过于严厉，也不能无关痛痒。不要一直重复某个口令，最多不能超过两次。
- 请您仔细思量自己的行为是否有不当之处。如果主人平时总是对它百依百顺，等它长大后养成我行我素的脾性也就不足为怪了，这时若再想调整它的教养和习惯便为时已晚。如果它不是偶尔耍一下性子，而是经常习惯性不听话，您在纠正它的错误之前先要反省一下自己的作为。
- 请您保持情绪稳定，管理好自己才能控制住局面。冲动时要提醒自己冷静下来，歇斯底里的喊叫或者重复无效的口令都只能产生适得其反的后果。
- 请您不要随便地使用肢体语言等信号，说话和动作要有目的、有针对性。

重点强调：严格杜绝下列行为。

- 用报纸拍打它。
- 揪住它颈部的皮毛（禁区）。
- 把狗狗掀翻成仰卧的姿势。
- 有踩踏殴打等任何类似的暴力倾向行为。

同类相处行为守则

和其他同类相处是狗狗日常生活的一部分，如果狗狗在适应环境和与其他人相处时表现都很正常，一般在和其他狗狗打交道时也不会出什么大问题——如果没有什么意外发生。之所以如此推断，是因为我们发现狗狗之间的纠纷往往和主人的错误教导有一定关联。

学习时间表

第九、十月训练主题

怎样纠正它的错误行为
同类相处行为守则

训练内容	训练频率
主人绕圈行走时保持不动	每周数次
干扰环境下训练狗狗远距离坐下	每周数次
通过肢体语言强化权威性	当您和狗狗在一起时
主人离开，训练狗狗"别动"	每周2次
基本站位的升级训练	每周数次

狗狗之间的交往

现在我们的标准也和幼儿期一样，在路上偶尔能遇到其他狗狗，这样的社交频率已经足够了，不需要每天都和伙伴们见面，也不必和一大群狗狗一起玩耍，无论会面频率还是群体数量都和以前一样即可。如果狗狗同类之间的交往过多，对主人又缺乏足够的服从性和敬畏感，一旦它看见伙伴们出现，往往会造成您无法控制的局面。为了避免这种情况发生，请您在狗狗和同伴们玩耍的时候时刻留意，就算它们玩得很好也一样要注意一

狗狗会通过嗅同伴的臀部得知很多"信息",这是它们之间互相了解的一种方式

如果您不确定两只狗狗之间是否是良好的"朋友"关系,请不要让它们一起玩耍

些事项。因为很多时候它们看起来是在戏耍打闹,但是实际上可能不是欢乐而是压迫,在狗狗活动小组成员数目较多的时候更是如此。如果情况需要,您喊它回到主人身边,它会乖乖服从命令吗?其他狗狗的主人们呢?请您对比一下。

利用和同伴相处的机会进行练习

您平时会不会偶尔约其他养狗的朋友们一起出去遛遛狗?这样的机会也可以用来安排一些训练活动。一定要先做两三项训练再放狗狗们自由玩耍,训练结束后不要忘记解下绳子。

具体步骤:练习结束后让狗狗坐好,给出口令"看这儿"让它关注您,然后再解下绳子放它和伙伴们自由玩耍。等它们玩闹一会儿之后,主人们要分别把自家宝贝喊回来,做个游戏、散会儿步或者做其他的练习。

通过这种方式宝贝们会有种主人一直在旁的感觉,而且知道即使有伙伴们一起玩闹,同时也能保持和主人的有趣互动。如果在这种场合狗狗仍能遵从您的指令,和您进行顺畅交流,说明您之前的训练卓有成效,而您和狗狗之间已经默契十足,这是一件值得骄傲的事情!

路上偶遇其他伙伴,主人应该怎么应对

如果路上偶遇其他陌生的狗狗和主人,为了避免一些不必要的问题和冲突,建议您遵循以下几条行为守则。

▶ 如果路上碰到的是一只戴着绳子的狗狗,请您让自家宝贝待在您身边。如果两只陌生的狗狗相遇,一只有绳子约束而另一只没有,很可能会扭打在一起。因为戴着绳子的狗狗举止行为和自由的狗狗是不一样的,会引起另外一只狗狗的不正常反应,所

以即使狗狗一心想着要和伙伴玩耍，也不要放它过去。另外如果主人出门一直给狗狗戴着绳子，也有可能是因为它生病了、太调皮或正处于发情期等原因，或者狗狗正在进行某种训练。因此请您管好狗狗，不要过去打扰。

▶ 当然如果您出于某些原因出门，要给狗狗戴好绳子，散步时碰到没有约束的陌生狗狗，管理好自家狗狗，不要随便接触陌生的同类。

▶ 如果两只狗狗都戴着绳子，最好在解下绳子之前不要让它们接触。因为它们的活动范围都受到限制，可能会影响彼此的正常交流。请您务必要警惕，避免这种情况，否则很可能会造成它的社交阴影。如果它有过几次不愉快的经历，以后碰到类似情况很有可能会对其他狗狗产生过激的攻击性行为。

▶ 如果两只狗狗都没有绳子的约束，一般情况下都玩得很好，不会出什么问题。有时候遇到的陌生狗狗可能会因为岁数大些或不爱玩闹等原因不愿同您的宝贝一起玩耍，它会通过肢体动作和表情语言告诉您的狗狗："走开，没兴趣陪你耍！"这都是正常情况，狗狗应该可以接受。但是如果它还是不管不顾地硬凑上去，那就请您把它带回来。

▶ 如果您的狗狗是个"男子汉"，遇到的也是一只同性伙伴，彼此发现了对方的存在之后可能会产生竞争心理，忍不住通过各种动作炫耀自己，期待在这场对比中压制对方，因此往往会造成一种僵局。尤其是有时狗狗自信心过于膨胀，会高估自己的实力。这种时候请您最好直接让狗狗趴好别动，或者带它大步流星地走开。

▶ 如果您不发一言快速地走开，狗狗会紧跟着您，因为

达到性成熟期的雄性狗狗会故意在很多容易被发现的地方撒尿传递"信息"

它从小已经习惯了跟随在您身后的训练，快速离开会促使它赶快追随您的步伐。如果您急促地呼喊它或者骂它都可能会激化局势，引发"比武"事件。

▶ 如果您的狗狗是位"淑女"且正值第一次发情期，异性狗狗很远就能察觉。如果遇到荷尔蒙旺盛的雄性狗狗，很有可能会一直追着它，找机会攻其不备。出现这种情况请您让对方主人把狗狗牵远点，年轻的"淑女们"很难防备这些顽固执拗的"坏小子"（参见第109页，雌性狗狗的性成熟）。

主人绕圈行走时保持不动

之前我们训练过在您来回走动时让狗狗保持不动，现在训练进入新的阶段：您在它周围的半圆区域内走动，它仍然保持不动。

训练步骤：先让狗狗坐好或趴好不动，扩大您和狗狗之间的距离，将绳子拉直放在前方地上，然后在半圆的范围内来回活动。如果可以确定狗狗在您离开的情况下仍然可以坚守原位，您也可以离开原地。在您和狗狗的距离已经达到数十米或几十米后，请您将半圆的活动范围扩展到一个整圆。

其他方案：除了上面的训练步骤我们还可以对训练方案做出如下调整。

▶ 如果训练进展顺利，狗狗可以安然地保持姿势，训练者可以加快步伐，这会使训练过程更加有趣。请您在狗狗周围来回跑动或蹦蹦跳跳，请您在这个过程中积极投入，促使狗狗在训练过程中在您所制造的干扰下不断升级神经免疫力，对您的行为举动保持淡定。

▶ 请您在狗狗面前站好不动，向上抛扔它喜欢的球，落下时再接住。这种训练环境中狗狗保持不动需要它具有极强的服从性和自制力。然后请您增加难度，边走动边抛扔和接球。

即使不远处有干扰，而训练者在它周围绕圈，狗狗仍然趴着不动

干扰环境下训练狗狗远距离坐下

经过一段时间的练习，狗狗已经能够一听到您"坐下"的口令（哨声信号）就在较远距离外坐好，不过初始阶段我们一直都是在无干扰的环境下训练。如果距离达到数米之外它还能很好地执行动作，我们就可以在训练中加入一些干扰了。

训练步骤：您的狗狗正在几米之外，像它经常做的那样在地上到处乱嗅。

▶ 这时候请您吹哨或者发出指令"坐下"。给出信号的同时扬起手臂，这样狗狗听到声音将视线转向您，然后马上会看见您的动作信号。如果情况需要，您也可以朝着它的方向往前走几步。

▶ 如果狗狗能够顺利地服从命令坐好，请您先等一会儿，然后再说出之前定好的夸赞用语（参见第97页），表扬之后给予奖励：您可以走过去给它饼干，也可以把喜欢的球扔给它。如果它还是像之前一样继续闻来闻去，请您把它重新带到开始（听到您口令时）的位置，然后再次给出命令和信号。训练时请您参照第140页至第141页的内容。

▶ 如果狗狗对轻微的干扰已经建立了免疫力，是时候增加点难度了。请您找一条宽阔且相对安静的道路进行训练。

▶ 如果狗狗在路边，迎面有散步或运动的人走/跑过来，它会欢快地在您前头跑过去吗？如果是这样，请您在它跑过去的时候给出指令。它做好了吗？如果是，请您像之前一样给予奖励。经过几次成功地练习之后，请您等路人走过去以后再把奖励给它。

▶ 之后的几个月中请您慢慢增加难度进行拓展训练，在扩大距离、增加干扰强度的条件下训练它坐下。

日常生活中的"训练狗狗坐好"场景。既然出门，路上免不了会有其他人，如果狗狗可以坐好不动，等人过去之后要给它应有的奖励

请您找一个有交情的同在养狗的朋友，出去遛狗的时候可以一起训练，这样不仅更有乐趣，也更能巩固训练内容

如何训练小狗

步骤 1　您站在前方,狗狗屈服了,重新坐好不敢起来

步骤 2　向着狗狗走过去,不要让它起来

通过肢体语言强化权威性

前提条件:在此之前您和狗狗的交流过程中经常会用到一些肢体动作。这些肢体语言在训练中非常重要,现阶段也是如此。

训练步骤:日常生活中您可能会遇到很多需要使用肢体语言对狗狗加以引导的情形,这里我们举几个例子进行说明。

▶ 您的狗狗不肯坐好?请您站到它的前方或者向着它走近一点,它会坐下的。

▶ 如果狗狗开始不遵守"别动"的指令,想要自己站起来,请您马上向它走过去。如果您只是留在原地不动或喊喊它的名字,它会更加不当回事,有恃无恐地站着。

▶ 尽管我们的训练过程没有任何问题,可是好动的狗狗就是不能乖乖地趴好不动。如果发生了上面的情况,请您在它趴下之后用脚踩住绳子。请注意,绳子的松紧要维持在一个恰当的程度,趴着时略松,站起则稍紧,这时就需要狗狗自己决定是要舒服地趴着还是被勒着站起来。它会老老实实趴好的。您的权威性表现在既没有不停地重复口令,也没有放纵它的坏习惯。经过几次这样的练习之后,就算您不采用这种方法,狗狗也会在原地趴好。请您找一块坚硬的地面做训练场地,因为站着的时候狗狗可能会用爪子刨地等。不要使用收缩性的颈圈,如果它本来就生性敏感,容易紧张不安,训练时可能会让它感到不适。

▶ 狗狗戴着绳子跟在您的左侧,如果有一群孩子经过,吸引了狗狗的注意力,我们需要采取措施。请您向左挤挤它以示提醒,然后大步走开。如果需要,可以用您的左腿碰一下狗狗,转个弯(90度或180度)避开干扰。总之具体做什么还是要根据狗狗的表现进行细

第十五章 第9、10月训练计划

步骤 3　对付顽固的狗狗，踩住绳子，趴下才能更舒服

步骤 4　用腿碰它——这才是正确的方向

微调整。上述流程会告诉狗狗，主人对这些吸引它眼球的东西没有丝毫兴趣，而作为同一个团队中的成员，它也不该为此分散精力。

▶ 狗狗看见了一只猫并想要去追？如果它现在正在您身后站着，请您不要管它，直接快速往前走。如果它已经跑在您的前面穷追不舍，请您调转方向，快速走开。在整个过程中请您不要讲话，它戴着绳子，除了跟您走它没有第二个选择。您表现得越笃定越决绝，它就会越了解，主人对这个东西没有兴趣。

一旦您放慢脚步或者站住等它，狗狗就会觉得您也对它的猎物很有兴趣，对它的追逐持支持态度。如果您真的想要狗狗对某样事物关注的时候倒是可以用这种办法。

步骤 5　主人的步伐：果断干脆、坚定有力，狗狗会自觉跟随

主人离开,训练狗狗"别动"

日常生活中我们有时会带狗狗去幼儿园、咖啡馆或洗手间等场所,这时候就需要训练它在短时间没有人看护的情况下能够自己待着。

训练步骤:请您在有灌木丛或其他能够遮挡视线的障碍物环境中进行训练。请您先让狗狗趴好别动,然后慢慢走开。刚开始走到它的前面,然后来回走几圈,最后躲在一个地方藏起来(比如灌木丛后面)。狗狗在这段过程中都没动?好极了!下一次请您躲起来静静地观察它,看它干什么,然后在它还没有起来之前走回去。请慢慢延长藏起来的时间,如果狗狗表现得很好,一直安静地待着,可以换另外一个地点进行训练。注意:还是要挑选一处无干扰的环境。

增加轻微的干扰因素:如果您不在场时狗狗可以自己趴着不动的时间达到了两分钟以上,就可以在训练中加入轻微的干扰了。请您找一个远处有行人偶尔经过的地方,或者带它到家里的某个房间趴好,而您自己则到另外一个房间里,这样家里的声响它能够听到,但是不要让任何人和它有近距离的接触。

重点强调:请避免狗狗站起来或吵闹的情况,它必须一直待在您指定的位置上。如果它出现舔鼻子、打哈欠、挠身子、左右半边屁股轮换坐等不安情绪,请马上结束训练!

步骤1 请您先站在灌木丛前面,狗狗可以看得见的地方

步骤2 找个地方藏起来,观察它在您离开后的表现

把"别动"从训练变为"实战"

过去的几个月里,我们已经循序渐进地训练狗狗在有干扰因素和主人不在场时保持不动,现在它已经掌握了这项内容(参见第61、第148页)。现在我们要做的就是把训练融入日常生活场景之中。

训练步骤:我们列举日常生活中经常会出现的几个情景进行说明。

▶ 您家里有时会有特别的客人来访,比如孩子的小伙伴或者上岁数的老年人,这时候需要狗狗能够表现得礼貌而谨慎。刚开始客人进门时不要让狗狗靠近门旁。门铃响起时让狗狗先待在距离门口较远的门厅里,让它坐好或趴下。等客人进来,主人把门关好,开始主宾寒暄时,狗狗才能站起来。如果做得好请您一定不要忘记夸奖它。

▶ 您现在出门去咖啡馆,请找一个安静的座位,让狗狗在您身边趴好。这时候服务员告诉您必须亲自去柜台挑选中意的糕点,没问题,您可以使用"别动"的口令让它待在原地,然后安心地去点餐。

▶ 如果您经常出门拜访亲友,有干扰因素或主人不在场时保持不动等训练会帮助我们约束狗狗的行为。

请注意:请您确定狗狗对人并没有恐惧情绪或不信任感,再让它自己待着别动。主人不在场的时间不能太长,这一点要结合之前训练时的表现进行判断。如果您带它去餐厅后又长时间不在,它有可能违背指令钻到厨房里去。

主人去开门,狗狗在门厅里坐着等,不会打扰您接待客人

餐厅里,狗狗乖乖地在主人规定的地点等待,直到您回来

如何训练小狗

出门散步，安排训练计划

您在第150页中已经读到，我们要学会利用平时的机会，在出门散步的时候安排适宜的练习活动。我们平常总会规律性地带它出门遛遛，狗狗也会喜欢这样的即兴练习，这样做既不需要您专门抽出时间，还能寓教于乐，简直一举数得。您需要做的是根据目的地的地形和狗狗的兴趣评估和确定初步的活动计划。下面我们就列举几种练习，当然您也完全可以根据具体情况灵活地进行其他安排。

训练步骤：如果您的狗狗非常喜欢捡东西，比如说球、狗粮袋之类，我们可以利用它的喜好安排许多有趣的练习。

▶ 请您当着它的面把狗粮袋藏在一个地方，然后说一声"去找吧"，让它去找回来。经过几次之后请您再给它藏起来，但是这次不要让它看到过程，只在藏好之后指一下大概方向，然后说"去找吧"。

▶ 先让狗狗坐好，把它喜欢的球或狗粮袋扔出去。不过请注意，要等球/袋子已经落地以后再命令它"拿来"。

▶ 狗狗现在跟着您走在路上，拿起球朝身后扔，落地以后转过身来让狗狗去捡。这样的练习需要狗狗能够严格服从您的指示，听到口令以后再出发，而不是一直追在滚动的球后面跑。

▶ 如果某个地方比较难走，比如说路上有歪倒的树木挡道时，先让它老老实实坐好，如果有别人在场可以让他帮忙看好狗狗，等您跨过难走的路段后，给出指令，喊它自己跟过来。如果它没有跟在您身后，在别的什么位置，您也可以直接喊它过来。

▶ 我们还可以带狗狗进行"搜救"练习。请先找一个助手看住它，别让它乱动。您手里拿着它最爱的球或狗粮袋，让狗狗看着您的动作，然后挥着手里的东西往树林里跑，找个地方藏起来，藏好之后保持安静等一会儿，然后让狗狗过来找您。等它来到以后奖励它玩具或饼干。经过几次练习之后慢慢缩短它的"观察"时间，最后直接不要让它看见您藏起来的整个过程。

▶ 如果您偶尔会路经（野生）动物活跃的区域，比如多种动物生活的自然保护区、野鸭群驻扎的池塘、放养了鸡或兔子等家禽的花园，请您利用这样的场景做一些服从性练习。开始时一定要给它戴上绳子，不要让它有机会"撒野"。什么时候它可以心无旁骛，以您为中心，那时您就可以把绳子拿掉。

其他方案：不仅可以在散步的路上，还可以在家里、花园里安排一些练习。

▶ 把水桶推倒，上面放上一杆扫帚，人工制造的"障碍"就完成了。

▶ 藏狗粮袋或球在家里或花园里也可以照常进行。

▶ 把塑料袋装上水后扔出去，可以创造出雨后的湿滑路面。

▶ 我们可以在家里人工制造出各种模拟室外环境的场景，只需要您动动脑筋动动手。训练的时候也需要一些技巧或工具，比如您可以使用之前确定的夸赞用语（参见第97页）教导它学习。不过对狗狗而言最敏感的是计时器的声音，仪器的独特声音能够调动它的听觉感官。

第十六章　第 11、12 月训练计划

步骤 1　狗狗在寻找狗粮袋

步骤 2　给出"这里"的指令，让狗狗跨越障碍跑过来

步骤 3　让狗狗坐好，把球扔出去，落地之前不许动

步骤 4　主人藏好，让狗狗找

"这边走"的其他训练方案

为了让狗狗学会在您身边步行跟随，我们已经针对"这边走"进行了长时间的系统化训练，现在如果您牵着它一起走，即使没有美食奖励，它应该也能认真地跟在您身边（参见第114页）。我们希望的训练成果是它（至少）在练习的途中能够做到和您一直保持目光交流。如果路线相对固定，它自己知道该怎么走，或者每天陪在您身边的时间很长，这时我们对眼神交流不做严格要求，但是它得有自觉性和控制力，一直在您身边，不会分心到处乱嗅或被别的东西吸引。除此之外它必须配合您的步速，主人走得快它也要快点，主人走得慢它也要慢点。如果狗狗没有戴绳子也能做到上面的要求，我们就可以着手进行其他训练了。

下面我们介绍几种训练的具体流程，除了在日常生活中的实际应用之外，这些不同的训练方式还可以使单调的学习变得更加丰富多彩。

训练步骤：之前您已经带着狗狗进行过跨越障碍（一截树桩或几节台阶）的训练，这个过程要求狗狗必须全神贯注地努力和投入，也会强化要时刻跟在主人身边的意识。现在进行这项训练拓展练习：请您给狗狗系上绳子，让它跟着您一起，绳子应该保持在松垂状态。升级训练的重点主要在场地的要求，请您找一块树桩比较集中的区域，每隔几米就有一个"障碍物"，也可以以绕开树木为目的进行训练。

▶ 请您不停地变换速度，先从正常的速度调整到缓慢的步伐节奏。注意保持控制权，也就是说您要保持定力，按照自己的步伐节奏，不要被狗狗无意识地带快，即使它做出各种努力也要不为所动。走过一段路以后请您把步伐调快，大步前进，转换步速的时候请配合口令做出原地跑步的动作，喊"这边走"的口令时也要干脆利落。

▶ 如果狗狗已经对散步的路线非常熟悉，请您尝试着增加

步骤 1 障碍赛练习

步骤 3 取下绳子，狗狗步行跟随，周边无干扰

第十六章 第11、12月训练计划

步骤 2 熟练以后，取下绳子进行训练

一点变化，比如走着走着您毫无预兆地突然停下，它有没有跟着停下来？

▶ 如果上述训练进展顺利，可以帮它把绳子拿下来。先让它在您身边坐好，取下绳子。经过之前的辛苦训练，就算没有绳子它也能放松而乖顺地待在您的身边，然后像往常一样发出口令。请您一定注意自己的肢体语言！您就当那条绳子依然存在，果断坚定毫不迟疑。一切都跟从前没什么两样，不要让狗狗体会到绳子的缺席会带来任何改变，这样狗狗也会像之前一样跟在您的身边。如果您觉得没有绳子可能会没把握，动作上略有犹疑，甚至还会瞟一眼狗狗，看它是不是乖乖地跟着，这时候您在狗狗眼中的领导力就会打个折扣。它可能会停下来，因为它不确定应该要怎么做。请您放心大胆地往前走，相信您的狗狗和之前辛苦训练的成果。

▶ 如果狗狗在没有绳子的时候也能做好训练，请您把之前戴着绳子进行的训练项目（比如跨越障碍等）去掉绳子重新练习。如果有训练助手在场，您可以这样训练：请您从他身旁走过，不要停顿；没有系绳子的狗狗，跟在您身后不远处（有一小段距离），这是训练狗狗跟随的一种极佳方法。同样您还可以拿掉绳子，不停地变换步速，这也是一种强化练习。

重点强调：对于成长中的狗狗而言，不系绳子的跟随练习在整体的练习计划中只占少部分，而且也是重质大于量。请您仔细观察它的表现，是否紧跟在您身边，还是已经拉开一段距离？它是退步了，还是进步了？如果某项练习在没有绳子时出现了退步，请您再次给它带上绳子，巩固之前的训练成果。

步骤 4 升级，干扰环境中的训练

如何训练小狗

步骤 1 狗狗抢在您的前面走,绳子绷紧

步骤 2 现在请您转身换方向

巩固绳子的约束功能

如果狗狗之前偶尔有过拉拽绳子达成心愿的案例,现在它又长大了一些,可能会更不喜欢绳子带来的约束。不过只要您按照下面的训练方法进行持之以恒的练习,之前的失误是可以补救的。

训练步骤:我们先来确定一下这项训练中有哪些重要的原则。如果狗狗已经有充足的自由活动时间,戴上绳子的时候我们就要禁止它到处乱嗅,如果是雄性狗狗,要禁止它随地尿尿(至少在您停下或放慢脚步时一定要及时观察并纠正)。如果我们容许它随便的行为,它的需求会一直高于您的规范,也会助长它拉拽绳子的恶习。如果生理上实在需要,可以让它在路程的开始或者中间解决大小便问题。通过训练,它拉拽绳子的行为会得到改善,我们可以逐渐放宽要求。

▶ 请给狗狗安排充足的活动,精力过剩也是拉拽绳子的原因之一,所以与其等待事发纠正不如提前预防,把它的精力消耗掉。

▶ 请您找一条宽阔的道路,最好是一片收割整齐的草地。把绳子调至最长,给狗狗戴上,然后直接往前走,不要给予任何提示。一旦它跟上来,在您前面或左右一起走,请立刻掉转180度,不要减缓速度,不要看它,继续走。请注意,掉转方向之前绳子必须处在松垂状态,转身之后绳子变成微绷,这会给狗狗一个提示,让它知道原来您已经不在身边了。请您在走动的过程中不要停,开始一两次训练十分钟左右。您是否发现它有什么变化?它现在是不是能够自觉地跟在您的身边?会不会主动看着您?这些进步都是训练的成果。然后请您走着走着突然停下来,事先也不要给出任何提示,狗狗会怎么做呢?它是不是也跟着在您身边停了下来,甚至还抬起头看着您?好极了,要的就是这种效果。如果没能这么快见成效也不要紧,每个狗狗都是独立的个体,学习过程不可能完全同步,多练几次就好了。

步骤 3　狗狗跟上来，绳子重新松下来

步骤 4　您突然停了下来，它也是

- 您可以在日常生活中进行这样的训练，比如转弯或者掉转方向之类。不过您要清楚一点，日常生活中的训练从简单到复杂的步骤要比单纯的正常训练花费更长的时间。
- 如果您正在进行此项练习，请避开不了解训练情况的无关人员。
- 如果您正走在路上，旁边是篱笆或围墙，这时候狗狗试图跑到您的前面，请您采取措施制止它，抢在前面把它挤回来。如果它乖乖地跟在您的一侧或后面，请您给它留出足够走路的空间。
- 如果狗狗格外调皮，不好管理，我们还有一个选择——随行带（牵引绳、控制狗狗的犬链）。它的作用和马的辔头是一样的，从结构上讲，皮带圈在狗狗的鼻子背面，在耳后扣好。随行带和预防乱吃东西的口套完全无关，圈在鼻子周围的皮带对它吃东西喝水等没有丝毫影响。狗绳用一个扣环连在随行带上（下颚处），另一端连接颈圈。如果它开始拉拽，头部会受到随行带的限制而无法改变方向，所以它只能按照您的路线走，您也不必花费多少时间和精力去纠正它。

请注意，如果狗狗戴着随行带，不要猛拉猛拽。使用之前要让狗狗熟悉它的存在，最好先找经验丰富的训练者咨询好使用随行带的正确方法。

其他方案：如果狗狗平时跟随的时候也想要冲在您的前面，前文中转换方向或（在篱笆、围墙边）抢占位置的做法同样适用。不过这时候要注意，看它是不是紧随在您身边，它的位置和前面巩固绳子约束功能时有所区别，那时候可以远距离，训练跟随时则不能允许。

重点强调：戒除狗狗拉拽的坏习惯需要您持之以恒的努力。如果每次的任性举动都不能达到狗狗预想的结果，长此以往就会慢慢改掉它的这种行为。如果一定要说秘诀的话，只有两个字：坚持！

出现问题要如何解决

狗狗正处在精力旺盛的成长期，性格不同的狗狗在与人类和同类小伙伴的相处中会出现一些不一样的问题，您往往会觉得这些麻烦非常棘手，其实不然。

偶遇同类，分外眼红

情况描述：走在路上的时候如果碰到其他人也牵着狗狗，我家狗狗总是会反应过激，上去又抓又挠，怎样才能改掉它这种坏毛病？

原因和解决办法：首先请您不要做出任何提醒或"警示"狗狗的表现，比如说如果对面有人牵着狗狗走过来，您是否会放慢脚步，抓紧绳子？也许您还会对自家宝贝说："瞧，是谁来了？"这些行为无疑都在告诉它："注意！"它会有紧迫感并觉得有必要采取什么行动。这种情况请您保持淡定，就像平时一样走路即可。

▶ 请您根据狗狗所处的位置、面对的局势还有它的举动做出判断和反应。如果发现狗狗开始进入警戒状态，目光已经锁定前方"假想敌"，请您挤开它，转个弯避开（参见第146页）。您也可以直接带着它绕过去，大步往前走，过程中不要一直关注狗狗的动静，用绳子牵着它一起即可。如果它表现得还算平静，能够听得进您说话，可以跟它讲讲话吸引注意力，然后专心让它跟着您走，表现得好还要给它奖励。但是如果它脚步跟着您，视线却不离对面的狗狗，请您不要给它饼干，这样容易助长它三心二意的坏毛病，与我们的训练目的正好相反。

▶ 如果对面的狗狗身上没有绳子，它的主人最好能有足够的觉悟，及时把它喊回身边，如果不能也请您提醒他要这么做。如果局面仍然难以收拾，狗狗们滚成一团，就要开启应急模式了，您要把自家狗狗的绳子取下来。但是这种做法只有在万不得已时才能用，因为狗狗往往会误以为这是对它的容忍和放纵。

对"看家守卫"的角色入戏太深

情况描述：家里有客人来访，门铃一响起，狗狗迅速飞奔到门口，狂吠不止。怎样让它有所收敛，显得礼貌一些？

原因和解决办法：首先请您认真观察和分析，它这样做是出自守卫的本能还是因为缺乏安全感，然后做出判断。它的尾巴是不是向下垂或夹起来，甚至有一种要落荒而逃的感觉？它是不是内向害羞、容易紧张的类型？是不是害怕和人接触？如果它符合上述描述，请您先把它从门前引开，戴上绳子或带到它的笼子里去，再去开门让客人进来。进门之后所有人都不要对狗狗的存在给予任何关注，这样可以避免"有陌生人出现"这件事对它的压迫感。请您保持关注，如果狗狗不愿意，任何人都不要去招惹它。

您家宝贝是不是"控制狂"，总是占据门口的最佳位置，时刻用警惕的视线扫描家里的每个角落？如果它的靠垫就在门口附近，请您挪远一点，另外食盆也不要放在门口周边。

▶ 如果它还是硬赖在门口不走，请您经常拿着扫帚和拖把去清扫它的"根据地"，或者总是在那片区域徘徊，就像您理所应当的本来就要这么走一样，不要看着它。形势所迫，这时候它得避开，给您让路。这样一来，它的根据地就"失守"了，最后还是得另外换个地方。

▶ 请您想一下平时和狗狗的相处模式，您是属于主动支配的一方还是被动反应的一方。如果主人表现被动，作为"首领"的权威就会大打折扣，狗狗会缺乏对您的信任和依赖，如果能力允许，它会自己决定想做什么事情。请您一定要树立主人的威信，行事果断坚定，加强狗狗的服从性训练，有目的地安排练习计划。

▶ 请您按照上面的做法进行实践，如果有客人来访的话，不要让狗狗待在门口，或者给它戴上绳子，让它坐在您的身边，相信它不会再制造出什么问题。

请注意：一本书的篇幅毕竟有限，不可能为所有问题给出具体的解决方案。如果您因为狗狗的某种不当行为感到困扰而束手无策，请及时咨询经验丰富的训练者或动物行为学（治疗方面）的医生。

过于自主，我行我素

情况描述：我们进行了系统的练习，走路时也会随时转换方向，但是宝贝完全不搭理我们，还是自己想往哪走就往哪走。怎样纠正它这个习惯？

原因和解决办法：有些狗狗性格独立，喜欢自己做主，不过出现这种情况大多是因为平时太惯着它，总是以它为中心，它就会有不受控制的行为。请您调整和狗狗之间的相处模式，行事更加干脆果断，刷新作为主人的存在感。除此之外，我们还有一张王牌——食物。我们要巩固它对您的依赖感，做法是断绝它的食物供应。把每天的食物分成几份，每次只有按照您的意愿行动（无论是在室内还是在室外）时才给它一份狗粮。您喊它过来，来到之后就有吃的；您带着它出门，转弯的时候它得牢牢跟着，跟住就有吃的。当且仅当它遵循您的指令时，才能给它一份食物。为了保证效果，请您确保从早上开始它便处于饥饿状态，这样食物本身才具有吸引力。训练时在平时常吃的狗粮中掺杂一些美味的点心更能增加让它垂涎的效果。

如何训练小狗

学会理解狗狗的"语言"表达

尽管它还非常幼小,但在表达方面绝不是"沉默无语"的。幼犬们很早就可以用肢体和表情等"语言"来即时地传达它们的感受和诉求。您需要学会理解他们的"语言"表达才能了解它们的喜怒哀乐。

▶ 恭敬

如果狗狗缩下身子,尾巴向后夹起,双耳垂卷,爪子恭敬地抬起并轻舔"大家伙"的口鼻。这种种恭顺的表现说明它碰到了已成年的威猛同类。

▶ 放松

四爪朝天,酣然熟睡——这样的景象表明狗宝贝正处在全然放松的状态,并感到自己在被保护的安全环境中。

学会理解狗狗的"语言"表达

▶ 恐惧

姿态卑顺，尾巴垂低，眼神躲闪不定，耳朵略微后倾，行动缓滞迟疑，这些都表明您的狗狗正在被恐惧所笼罩。

▶ 缺乏安全感

狗宝贝突然掉进了讨厌的水坑中，这种情形对它来说是十分可怕的。它感到慌张无措，不知道自己应该怎么做，而舔嘴的动作表明了它在这种缺乏安全感的环境中内心的矛盾纠结。

▶ 警惕

"前方有情况！"这两个小家伙发出了这样的讯号。看它俩身体绷紧，目视前方，耳朵前倾，尾巴水平伸直，停在半空中——这既不是没有安全感也不是自傲的表现，而是一种"严阵以待"的警惕状态。

▶ 玩耍

嘴巴张开，龇着小小的牙齿，瞪着圆溜溜的大眼睛，不停地来回嬉耍，这说明它们已经进入了玩耍的欢乐状态。一会儿这只在上面，一会儿那只在上面。狗狗们就这样以玩耍的方式进行着自己的社交行为。

▶ 欢迎

耳朵温顺地捋在脑后，尾巴翘在半空欢乐地左右摇摆，眼睛因为高兴有些眯起，满脸都是乖顺讨喜的表情，这是狗狗在愉快地迎接它信赖的主人归来。

▶ 恳求陪玩

不论它的玩伴是人类还是它的同类，这种身体下伏、前半身后仰的守望状态都是一种典型的邀请信号——请来陪我一起玩！不过狗狗感到不安，不希望面对您时也可能会这样做，这时便是一种躲避性的转位行为。

▶ "方便"的问题

如果狗狗在房间里做出这个姿势，那么此时采取行动已经来不及了。在它将要做出这个动作之前您就要敏感地察觉并迅速做出反应——赶快把它抱起来带到屋外去！

出版后记

拥有一只乖巧可爱的狗狗是许多人的梦想。事与愿违,接回家的狗狗总是与想象中的有所区别。它们对你的话置若罔闻,最大的爱好是撵鸡追狗;在家里,你会不时发现狗狗留给你的"惊喜";出门散步,你和狗狗对主导权的掌控问题分歧很大;朋友来访,本来乖顺的它龇牙咧嘴,凶相毕露。种种种种,让你原本的一腔热忱变得所剩无几……

所有这些问题,《如何训练小狗》都会给你答案。卡塔琳娜·施莱格尔-科夫勒是一名拥有丰富经验的养狗专家,经营着一所已有20年历史的狗狗培训学校。她结合自身体会,以简单平实的语言帮你渡过最初的八周,让狗狗养成良好的行为规范。在宝贝长到四个月大后,本书还会继续给你一些指导和帮助,直到狗狗一岁成年。

为了让狗狗和你尽快彼此适应,本书作者贴心地写下了详细清单,一一列明你在接狗狗回家前应该做哪些准备。清单中不仅包括狗狗生活和训练中需要用到的东西,还有各种注意事项,保证狗狗在新的环境中安全无虞。结束八周的系统训练后,狗狗健康状况调查表能够使你更好地了解自家的萌宝,教会你怎么辨别狗狗状态的好坏,以及哪些是狗狗真正喜欢和需要的,让宝贝可以一直健康快乐地陪伴在你身边。此外,在每个训练单元结束之后,针对前一阶段训练要求和特点,作者未雨绸缪,列出了一些可能出现的情况,模拟相关场景,并加以详细解答,确保狗狗的训练能够顺利地完成。

最后,无论你的家中是否已经有了一只可爱的宝贝,相信在读了这本书之后,你都能够获得一些实质性的帮助。

服务热线:133-6631-2326　188-1142-1266
服务信箱:reader@hinabook.com

后浪出版公司
2016年12月

图书在版编目（CIP）数据

如何训练小狗 /（德）卡塔琳娜·施莱格尔-科夫勒著；邵帅译. --天津：天津人民出版社，2017.1（2019.4重印）

ISBN 978-7-201-11130-8

Ⅰ.①如… Ⅱ.①卡…②邵… Ⅲ.①犬—驯养 Ⅳ.①S829.2

中国版本图书馆CIP数据核字（2016）第290768号

Published originally under the title „Welpenerziehung"by Katharina Schlegl–Kofler
ISBN 978-3-8338-1171-5, © 2010 by GRÄFE UND UNZER VERLAG GmbH, München
Chinese translation (simplified characters) copyright : © 2017 by Ginkgo (Beijing) Book Co., Ltd.

本书中文简体版权归属于银杏树下(北京)图书有限责任公司。

著作权合同登记号：图字02-2016-160号

如何训练小狗
RUHE XUNLIAN XIAOGOU

［德］卡塔琳娜·施莱格尔-科夫勒 著；邵帅 译

出　　版	天津人民出版社	出 版 人	黄　沛
地　　址	天津市和平区西康路35号康岳大厦	邮政编码	300051
邮购电话	（022）23332469	网　　址	http://www.tjrmcbs.com
电子信箱	tjrmcbs@126.com		
出版统筹	吴兴元	编辑统筹	王　顿
责任编辑	张　璐	特约编辑	李志丹
营销推广	ONEBOOK	装帧制造	墨白空间·张静涵
印　　刷	天津图文方嘉印刷有限公司	经　　销	新华书店经销
开　　本	889毫米×1194毫米　1/20	印　　张	8.5印张　插页4
字　　数	250千字		
版次印次	2017年1月第1版　2019年4月第3次印刷		
定　　价	60.00元		

后浪出版咨询(北京)有限责任公司 常年法律顾问：北京大成律师事务所　周天晖 copyright@hinabook.com
未经许可，不得以任何方式复制或抄袭本书部分或全部内容
版权所有，侵权必究
本书若有质量问题，请与本公司图书销售中心联系调换。电话：010-64010019